LO QUE LOS CABALLOS NOS DICEN

ANAHÍ ZLOTNIK

KOLIMA
BOOKS

Título original: *Lo que los caballos nos dicen*

Primera edición: Noviembre 2024
© 2024 Editorial Kolima, Madrid
www.editorialkolima.com

Autora: Anahí Zlotnik
Dirección editorial: Marta Prieto Asirón
Maquetación de cubierta: David Visea
Maquetación: Carolina Hernández Alarcón

ISBN: 978-84-10209-31-2
Depósito legal: M-22518-2024
Impreso en España

Índice

PRÓLOGO   9

INTRODUCCIÓN   13

CAPÍTULO 1   **Afinando a mis pacientes.** Gran Bet, Danny Boy,   19
              Finnay

              Afinando a Gran Bet. En cuanto a la terapéutica. Danny
              Boy, otro caballo muy desafinado. El entripado de Finnay.
              Algunos detalles de este caso

CAPÍTULO 2   **Un camino de ida.** Arelo, Colina, Kenso, Sidharta,   34
              Bambi, Feliz Estrella, Finita, Felipe, Icaso, Azteca,
              Casul, Pepita

              El alazán de Óscar. 15 de marzo de 1999. El tordillo Ciru-
              jano. Arelo, un árabe de dos años. Caballo blanco de 20
              años desatendido. Alazán lastimado. Colina, un zaino colo-
              rado. Kenso, un tipo tranquilo. Sidharta. Yegua tordilla con
              hemorragia. Bambi. Feliz Estrella, en un haras en la provin-
              cia de Buenos Aires. Finita, una alazana con muchas ideas.
              Felipe el «descangayado». Una zaina de 6 años que nunca
              se enoja pero corre para todo. Icaso, un caballo desespera-
              do de 9 años que estaba de paso. Azteca y una yegua aza-
              bache. Casul, un caballo «Háceme upa». Pepita, la enojosa
              vulnerable. Unos sementales lusitanos. Un semental ne-
              gro que se fracturaba con frecuencia. Caballos peruanos.

CAPÍTULO 3 **Andar con caballos. Indio, Duna, Tramojo, Tornado, Morito** 55

Indio, Duna, Tramojo, Tornado, Morito. Indio, el alazán asustadizo. Andando con Duna. Cruz Diablo Tramojo. Tornado. Morito de Mina Clavero.

CAPÍTULO 4 **La tensión. Tonadilla, Emulán, Doña Pita, Dulcinea, Nahuel** 69

Tonadilla. Emulán un criollo gateado de 14 años, muy manso, con tensión crónica. Doña Pita se quedaba agotada y envarada. Atravesando adversidades. Nahuel.

CAPÍTULO 5 **Alquimia. B Park, Branca, Valeria, Laela, Shakirr, Mercedita, Pobrecita, Panera, Totito, Paton, Delicada, Brisa** 79

B Park y varios casos más. Branca. Valeria. Laela. Shakirr. Mercedita. Pobrecita. Panera. Totito. Paton. Un caballo que tomó «Lycopus». Una preciosa zaina que bailaba. Delicada y Brisa.

CAPÍTULO 6 **Rosita y las verrugas** 97

Rosita, una petisa rosilla. Cómo contó Rosita lo que le ocurría. Otros casos de hipertrofia.

CAPÍTULO 7 **Arnica y otros sustos. Zaino, Fantasma, Kala** 103

Miedo al contacto. Fantasma. Kala, un momento mágico. Adorado Soy, un caballo de carreras suspendido en el hipódromo.

CAPÍTULO 8 **La equinidad. Ícaro, Santa Fé, Cata** 116

Ícaro, Santa Fé, Cata. Ícaro, la timidez de un semental preparado para exposición. Santa Fe y su mano izquierda. Marsellesa: una historia breve. El aire y el viento, compañeros inseparables de los caballos.

CAPÍTULO 9   **La fe. Indra, Jachela, Gilda, Khan y Milla**   128

Jachela se irritaba y quería jugar. Gilda, la de los pocos síntomas. Khan casi se entrega. Milla. Entonces, ¿qué es realmente la fe?

CAPÍTULO 10   **«¡Quiero vivir mi vida!». Suits Me**   144

Suits Me y su tutora en esos días oscuros. Descripción de los cólicos. ¡Quiero vivir suelto! ¡Con amigos! ¡Quiero caminar, pastar a mi aire, jugar, revolcarme, ser equino! Mes de julio. 31 de agosto del 2001. La dentadura.

CAPÍTULO 11   **Mozart para Tabaco**   155

CAPÍTULO 12   **La vejez es un bien. Olivio, Antonio, Pestaña, Mimosa**   162

Antonio, el caballo blanco de mis sueños de infancia. Antonio curando. Olivio se hizo mayor. Pestaña pasa a otro estado. Mimosa, la yegua del tambo.

CAPÍTULO 13   **Hacia dónde vamos. Interlude, Hidalgo**   179

Interlude. Un caballo de carrera. Hay mejores maneras de tratar a un atleta. Hidalgo y su boca. En terapia.

EPÍLOGO   189

AGRADECIMIENTOS   191

GLOSARIO DE TÉRMINOS   193

BIBLIOGRAFÍA   199

La vida. Fotografía: Anahí Zlotnik.

Miles, miles, miles de caballos

Es un vacío
Solo un vacío

Un olor conocido me sorprendió
Alfalfa, pasto recién llovido
Mujer lluvia

Verde, verde, verde
Sí
Como las altas cumbres
Estos días con llovizna

Por ahí, entre cóndores, rayos y caballos

Me pienso
Pero me parecía raro que no pudieran trepar y oler tan hermosa piedra
Roca amarillenta
Verde
Verdeante

Verde amarillo
Y de repente me di cuenta

Miles, miles, miles de caballos
Volvieron al mundo
A traer
Paz
Alegría
Belleza
Compasión

¿Qué hacen?
Galopar libremente
Sobre el pasto verde

Verde, verde a veces pajizo
Y sentir lluvia

¿Es verdad que las rocas nos protegen?
Son amigas mías y de los rayos

Los cóndores y los caballos

Escucho aquel sonido y caminando por las grutas
Rayos
Rayos
Rayos vuelven
Los veo los siento
Vuelvo

Del taller de escritura con ALEJANDRA TORONCHIK
en Villa de Las Rosas, Valle de Traslasierra, diciembre del 2023

Prólogo

Caminante no hay camino, se hace camino al andar.
Antonio Machado

Siempre recuerdo mi primera clase con Anahí: «Mercedes, yo no sigo un orden... Hago lo que el caballo me va diciendo...». Así es el trabajo de Anahí Zlotnik. Así es ella. Se comunica con cada caballo y, juntos, de la mano ,van labrando el camino...

Aisha y Huesito, lúdicos. Fotografía: archivo personal de la autora.

Este libro iba inicialmente enfocado a la medicina homeopática en los caballos, pero en el proceso de elaboración del mismo me fui dejando llevar a una terapia integradora llamada Terapia Granada, en la cual confluyen distintos aspectos de distintas técnicas que pueden sincronizarse entre sí para formar una terapia integrada y completa.

Mi base para esta terapia es la comunicación con el caballo, pues cada medicamento homeopático describe aspectos de sensaciones humanas que pueden ser útiles para entender las sensaciones de los animales. Y la comunicación corporal, tanto desde el lenguaje silencioso de los caballos como de mi entrega desde el contacto, para llevar salud, luz y alegría a mis pacientes equinos y a sus allegados humanos.

De modo que cuando atiendo a Almanzor, toda su vibración comunica cómo le interesa el contacto, no uno cualquiera, sino un contacto suave y firme con presencia. Nada de lo que algunos llaman mimos, de ninguna manera, pues el contacto con él exige presencia. Almanzor y otros caballos recibieron distintos medicamentos homeopáticos que me fueron dando la palabra o las palabras que expresaban su sentir. También el trabajo de contacto corporal y acupresión me entregan sensaciones profundas de cómo se sienten los caballos, así como la sutil percepción que recibo cuando trabajo con las fascias, perceptivas y comunicadoras de procesos profundos. En el caso de Almanzor, lo que más le atrae y deja como pensando es cuando nos conectamos con su energía del pulmón y del intestino grueso, del elemento metal. Es conciso, preciso, de no dar vueltas.

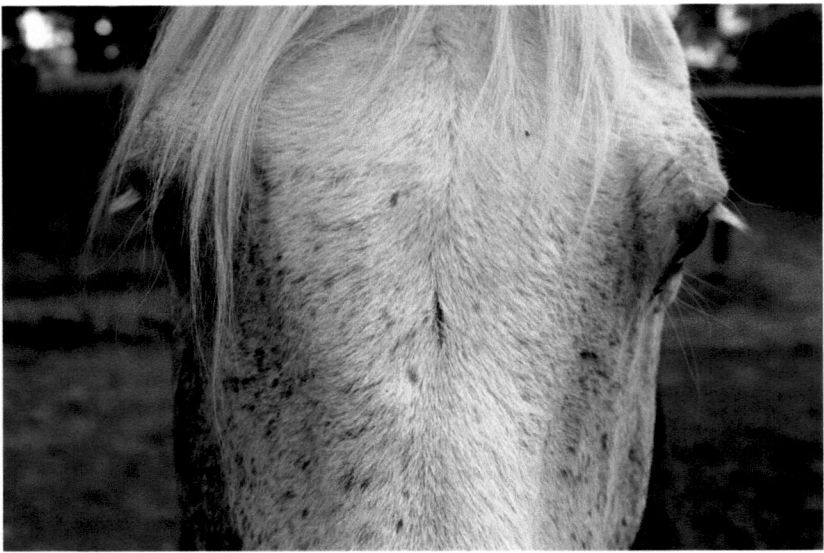

Almanzor. Fotografía: Matías Wiszniewer.

O, como cuando estuve atendiendo a un caballo castrado que seguía sintiendo su «padrillez»[1] y me iba compartiendo la resiliencia, la capacidad de transformación, la expresividad pura y equina, o cómo a veces le interesaba la compañía y otras la lejanía.

O el caso de la yegua Cali, que me llevó a la ligereza, la liviandad y el estar juntos.

O como los sentimientos de Lluvia Serena de volver a la vida y las erres de resonar, revivir, recuperar, reponerse o reorganizarse.

O mi queridísima Wanda, con quien aprendo tanto, con la cual nos acompañamos desde los cimientos al cielo. Desde la irritabilidad hasta la calma y el disfrute. Sin pelea. Haciendo, cambiando, con perseverancia, abandonando lo rígido. Y su amigo cercano, Jaguar, quien comparte la estabilidad pero que a veces se sobresalta, con lealtad, nobleza, con un compañerismo franco.

O Tota, quien va mejor por la vida poco a poco, pues ella es de seguir adelante a pesar de los golpes, la vida transformando y siendo transformadora. Los encuentros desde los pies a las nuevas amistades, con la necesidad de protección, cuidados y compañía. La fuerza escondida que se expande en un galope de miles de caballos y así logra enraizarse desde su interior.

Cada técnica toma alguna palabra, algún sentimiento o sensación. Si es una sesión osteopática, es el fluir del músculo que se había agarrotado, acompañado de un suspiro, una mirada o ganas de salir a galopar con los pies descalzos sintiendo la Pachamama, que tanta salud nos trae.

Esta es mi entrega y agradecimiento a un obsequio recibido desde otro plano. Espero que mi sentimiento pueda honrar lo que amo y llegar a quienes admiran a este bello animal para así mejorar sus vidas y acompañar sus canciones.

Nota: este es un libro informativo, no de diagnóstico ni terapéutico. Queda a criterio de quien lo lee el uso que haga de esta información.

---

1   «Padrillo» en Argentina es «semental», y por lo tanto la autora aquí se refiere al estado de ser un semental (Nota de la editora).

Con Casius un caballo muy compañero. Se puede sentir su ser con solo ver esta foto. Foto: Regina Bianchi en Córdoba, Argentina.

Introducción

Hace muchos años que trabajo en el desarrollo de una técnica integradora en la atención de los caballos. Gracias a ello encontré que se puede trabajar con ellos en planos profundos y sutiles. Es decir que, además de tratar su sintomatología clínica, es posible trabajar con su ánimo en busca de la resolución de conflictos.

¿Conflictos? Sí.

Uno de estos, quizás el más frecuente, gira en torno a devolverles su profunda dignidad animal, muy despreciada en algunos ámbitos, donde los caballos son tratados como máquinas al servicio del ego, cuando se cierran los ojos a sus necesidades.

Esto es especialmente evidente cuando trato con caballos maltratados, miedosos, mal domados o entrenados por personas que no solo no saben comunicarse con ellos, sino que ni siquiera se plantean la necesidad de aprender esa comunicación y que resuelven su falta de aptitud con un golpe en la cabeza del animal.

¿Cómo llegar al corazón de un caballo que ha sido maltratado, que expresa su disgusto con inquietud, falta de concentración o distracción, que se muestra poco amistoso –o incluso rencoroso y amenazante– y se molesta o enoja mucho cuando siente que se lo contradice?

El caballo se comunica a través de un lenguaje corporal, silencioso, por medio de señales, posturas, resonancias energéticas, también de un lenguaje químico y en menor medida por vocalizaciones propias de su especie. Para comprenderlo es necesario conocer este mundo comunicativo, y, para curarlos cuando se enferman, hay que trabajar tanto en el plano físico como en el anímico y energético, porque todos están unidos. Cuando el cuerpo sufre, también sufre el ánimo, y cuando el ánimo sufre, también lo hace el cuerpo.

Los caballos son animales con emociones intensas, que tienen recuerdos, positivos o negativos, que se quedan impresos durante toda su vida.

La estructura anatómica donde se localizan las emociones es el sistema límbico. Los últimos estudios sugieren que el sistema límbico del caballo tiene el mismo tamaño o mayor que el de los humanos. Las emociones en los caballos son parte de su sistema de subsistencia. Con sus actitudes nos transmiten sus estados de ánimo y su disposición.

Las emociones

Creo que *todos* los animales, al igual que nosotros, están en proceso de evolución. Ellos tienen su función en este planeta, y para que puedan cumplir con ella necesitan estar en una situación de respeto, ya sea un caballo de deporte, alta competición, rehabilitación, de ayuda a niños, trabajo o placer. En estado de salud necesitan su «equinidad» para poder usar sus propios instrumentos con toda su potencia. Si es así es posible que al morir lo hagan en un estado evolutivo mayor del que traían.

Una vez captada la situación que atraviesa el ejemplar en cuestión, lo acompaño con algún medicamento homeopático que actúe en un nivel sutil y refleje ese estado de disgusto. Esto más un contacto corporal que ayude a liberar la tensión física y psíquica, observando los pasos del proceso que ese caballo necesita para recuperarse de la negatividad recibida. Tan nítidos pueden ser sus recuerdos que cuando estoy en contacto con animales poco comprendidos recibo imágenes de momentos en los que han sido abusados y es posible observar vibraciones musculares, junto con suspiros o bostezos de liberación, de esas tensiones acumuladas.

Para lograr este tipo de acercamiento sutil y eficiente encuentro que la medicina homeopática, la acupresión, las técnicas corporales, la etología o el reiki ofrecen un modo de comunicación que posibilita tratar al animal como un todo. Está comprobado en los últimos estudios de neurociencia que la percepción táctil del caballo es más sutil que la de los humanos.

Se trata de una integración a través de la etología que propone una comunicación real con el animal.

Sigo estudiando, explorando y experimentando para tratar a mis queridos pacientes como individuos únicos e irrepetibles que tienen mucho que decir, ya sea con un relincho, con un susurro o incluso con una patada, ¿por qué no?, pues muchas veces no son escuchados.

Yegua cimarrona. Reserva de Tornquist, provincia de Buenos Aires, Argentina.
Fotografía: Juan Canale.

Introducir el factor de entendimiento en la terapia de recuperación de caballos dañados y observar los enormes cambios que se producen en ellos es una práctica transformadora, no solo para el animal, sino para los humanos participantes de esa experiencia.

En mi propia historia puedo decir que, desde niña, hacer contacto con mis manos y la piel del caballo me producía una experiencia difícil de transmitir con palabras.

Este factor amoroso de la experiencia con caballos nos ofrece un beneficio difícil de medir de modo material, aunque sí se puede hacer de modo objetivo. Mi intención es ayudar, entre otras situaciones, a recuperar por ejemplo caballos en peligro de ser enviados al matadero, sabiendo que merced a esta ayuda podré aprender un poquito más sobre mí y sobre quienes me rodean.

Pues cuando se entra en contacto con un caballo asustado, maltratado, salvaje, en muchos de nosotros se despierta un instinto profundo de compasión y comprensión, un anhelo de acercarnos a ese animal inocente para poder transmitirle una sensación de protección y amistad.

Dice Omar Ali Shah, famoso escritor sufí, «¿por qué se deja de lado un componente tan importante como el amor? Tal vez porque no se puede controlar científicamente: no pueden convertirlo en un esclavo. No puede usarse incorrectamente. El amor es algo que funciona o no lo hace».

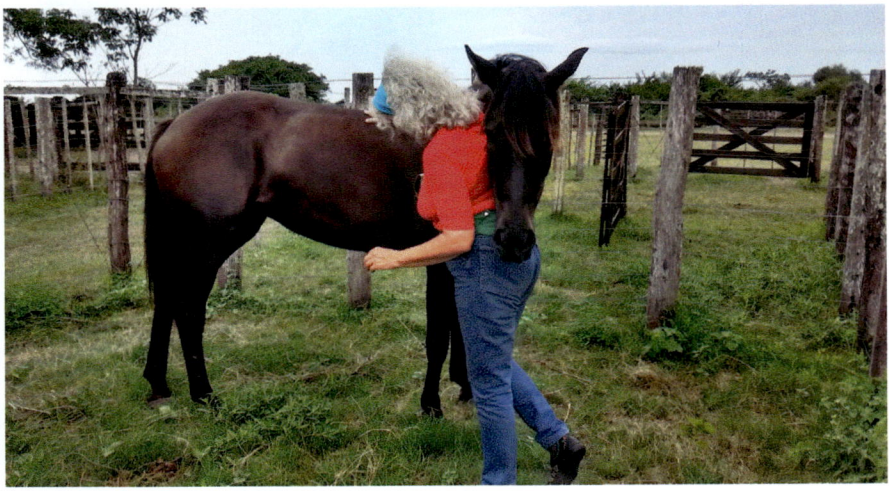

La amistad y el compañerismo entre los hombres y los animales es posible. Foto: Mariano Cafferata. Archivo personal de la autora. Con Flicka.

Los caballos perciben sus alrededores en su totalidad; junto a ellos desarrollamos el hábito de estar presentes, atentos a lo que sucede.

Puede ser un canal de aprendizaje para nosotros cuando estamos en modo predador o modo presa. Un mundo de sutileza en la manera de expresarse y contactar en silencio y busca de libertad.

Parece increíble para algunos que un animal que puede llegar a pesar 500 o más kilos pueda ser asustadizo y necesite tanta seguridad y estabilidad, factores parecidos a los que necesitamos los humanos, solo que expresados de modo diferente, instinto y necesidad de seguridad, elementos aparentemente opuestos que conviven en un mundo de fuego y nobleza. El miedo puede convertirse en algo bastante real y debe abordarse con mucho cuidado y reducirse. Necesita diluirse con delicadeza y no simplemente ignorarse diciendo «no hay razón para tener miedo».

El cuento «El peligro no tiene favoritos» de aquel querido personaje de los cuentos orientales, el maestro Nasrudín, ilustra esta situación:

Una señora llevó a su chiquito a la escuela de Nasrudín.

–Mi hijo se porta muy mal –le explicó–, y quiero que usted lo asuste.

Nasrudín asumió una postura amenazadora, los ojos centelleantes, la cara desfigurada. Saltó de un lado al otro y de pronto salió corriendo del edificio. La mujer se desmayó. Cuando se recobró quedó a la espera de Nasrudín, quien regresó grave y pausadamente.

–¡Le pedí que asustara al chiquito, no a mí!

–Estimada señora –dijo Nasrudín–, ¿acaso no se dio cuenta de que también yo estaba asustado de mí mismo?

Cuando el peligro amenaza, amenaza a todos por igual.

Lo que dicen algunos humanos

Conociendo estos elementos, ¿cómo me relaciono entonces cuando escucho en mi práctica dichos como este?: «Este caballo es demasiado líder».

··

Noto una confusión social expresada así que parece reflejar más bien la necesidad de la persona de sentirse líder.

··

Otra expresión: «Se hace el gato cuando lo busco en la manada». Y me pregunto si se entiende cómo interpreta el caballo esa actitud: ¿cómo lo busca en la manada? ¿Va a agarrarlo o va a un encuentro? ¿Quiere poseerlo, dominarlo, ser su líder?

Una vez recibí este comentario acerca de una estupenda yegua de salto: «Cuando algo no le gusta, levanta murallones, se pone en contra. Con angustia. No entiende. ¿Le cuesta?».

Otro dicho que me llamó la atención fue de una profesora de equitación: «No tiene códigos», acerca de un pobre caballo que se trababa en el box y se caía en el tráiler. Seguramente era más fácil decidir que el caballo no tenía códigos que preguntarse cuál era el origen de su comportamiento. Por ejemplo, que hubiera sido destetado demasiado temprano y que esto no le permitiera adquirir el saber propioceptivo tan fino y propio del caballo. O que hubiera sido tratado con tanta indiferencia que no pudo desarrollarse adecuadamente. De hecho, el peón del lugar, que tenía sentido común, decía que ese caballo tenía miedo de que lo lastimaran.

También recibo comentarios alegres y positivos, como el que hizo un tutor al referirse a una de sus yeguas de cabalgatas, que tras el tratamiento se convirtió en una yegua de crucero. Me llegó alegre y certero pues él es músico y su referencia a la yegua de cabalgata tenía música y movimiento. Su mujer decía que una de sus yeguas estaba como una reina, equilibrada, después del tratamiento y el músico decía que era la filósofa del grupo.

El caballo o la yegua resuena con el interior de sus allegados humanos. Parte de mi tarea es desandar esa resonancia para un camino de depuración, por lo que mi silencio muchas veces acompaña el silencio y el andar del animal, y me guía a una intención más profunda de acompañarlos con amor.

En la naturaleza se observa lo divino en un ir hacia algo. Como dijera el gran poeta Jalaluddin Rumi, «el día que llegamos a la Tierra, una escalera fue puesta a nuestros pies para volver a casa. Ese volver es la trascendencia, la intencionalidad. De hecho el relincho es un recuerdo de la Fuente. Lo divino es eterno, la naturaleza es fecunda, se renueva, se recicla. Es vida».

La Terapia Granada comprende la naturaleza como armónica y religa, une al corazón con la ciencia.

Anahí Zlotnik, MedVet, MP 4746

Nota para el lector: los capítulos de este libro están organizados según contextos, situaciones y aprendizajes.

CAPÍTULO 1

Afinando a mis pacientes
Gran Bet, Danny Boy, Finnay

En Veterinaria es fundamental conocer la conducta de cada especie. Porque al comprender la conducta de un individuo, perro, caballo, gato o pájaro, podemos ser más precisos cuando tomamos en consideración los síntomas homeopáticos dignos de curar y podemos llegar a entender para qué, con qué propósito o intención, hace lo que hace.

Por ejemplo, intentamos comprender cuál es la problemática de un caballo que se espeje con la *Calcarea Carbonica* que se puede presentar a la consulta en distintos momentos de su dinámica. Todo lo que va a hacer en su vida será para proveerse de lo que pueda carecer, o de lo que pueda llegar a sucederle, ya que cree que le van a faltar comida o cuidados. Siempre que estemos con un caballo que tenga comida y cuidados, o un caballo que, aunque haya sufrido, siga sintiendo exageradamente que le van a faltar comida y cuidados, será voraz, estará demasiado atento a su entorno, muy sensible a los ruidos, y tal vez hasta robe comida a los otros por si no le alcanza.

Yendo un paso más adelante, si es un caballo con tendencia dominante se inclinará a cuidar su espacio excesivamente, incluso llegando a patear o enojarse mucho con otros equinos, hablando siempre de caballos estabulados. Este es un punto donde corresponde comprender qué mensajes reciben los caballos y qué entienden los caballos en esos espacios donde viven. Es probable que haya ausencia de un manejo adecuado para asegurar la convivencia equina y, en cuanto a la terapéutica, debemos ser precisos a la hora de medicar con homeopatía y respecto a las medidas de educación a sugerir para asegurar una convivencia armónica. Necesitamos discernir las señales para poder informar correctamente a los responsables correspondientes.

Es fundamental comprender la relación del humano con su animal, qué mensajes le está enviando, qué pretende de él y cómo este va reaccionando en los distintos eventos de su vida.

Haciendo esto disminuimos los factores de ansiedad que se producen en los animales por mal manejo. Entonces, cuando esos factores comienzan a decrecer, el animal aparece más despojado, en el sentido de que sus reacciones se presentan de forma más neta, más pura.

Este modo de tomar el caso también amplía la comprensión, pues en cada situación es necesario asimilar la problemática principal de nuestro paciente equino.

¿Cuál es el principal punto, el cuidado, el espacio, la compañía, la comida, las relaciones con sus amigos, la reproducción? ¿Cómo reacciona en cada situación, intenta o no liderar, amenaza cuando come, tolera o no la cercanía de otros animales, sean equinos o de otra especie? Si no hay otros animales, ¿qué hace cuando se encuentra con ellos: busca relacionarse, se aísla, se mantiene a distancia, va y viene?

Es imprescindible conocer cómo reacciona el animal para plantear el tratamiento más adecuado a su forma de ser y requerimientos, pues un caballo tímido necesitará aprender a mostrarse y sentirse seguro, mientras que otro que sea arrebatado tal vez necesite calmarse.

Insisto mucho con el tema del vínculo, pues considero que su incidencia es alta en la aparición de disfunciones.

Necesitamos tener en cuenta la mayor cantidad de factores circunstanciales posibles para comprender la dinámica del desequilibrio, en qué situación se encuentra el animal, también en su familia humana, si realmente esa situación es la que le corresponde, cómo está con otros animales, qué posibilidades reales tiene de cumplir con sus actos rituales e instintivos, si juega o no, si tiene posibilidad de hacerlo. Aunque hay casos de conductas difíciles de resolver, con el compromiso de los humanos y la terapia correspondiente tienen más posibilidades de mejorar.

Afinando a Gran Bet

Los caballos de carreras son de una belleza especial para mí. Desde niña me provocan asombro su silueta, vibración y poder. Durante mi infancia, los caballos de carreras que aparecían en los diarios del sábado y del domingo eran mis compañeros de anhelos. Adoro estar cerca de ellos, respirar su respiración, oler el aroma de la alfalfa y escuchar sus canciones sobre la tierra. No me gusta cómo son tratados una gran mayoría de ellos.

Hay una brecha entre la belleza que emanan los caballos de carreras y la falta de contacto con esa belleza de muchos de los que los rodean.

Después de un tiempo en que me había alejado del ambiente de los caballos, estando en el hipódromo de San Isidro me encontré con un cuidador de caballos de carreras conocido mío, que al enterarse de que estaba tratando caballos con una terapia no convencional me habló de una yegua de la que él se encargaba que había ganado una carrera pero que luego por una lesión en el metacarpo no se recuperaba. Así comencé a tratar a esa yegua, que funcionó muy bien con esa terapia y a quien quiero recordar en este capítulo por lo que trajo a mi vida.

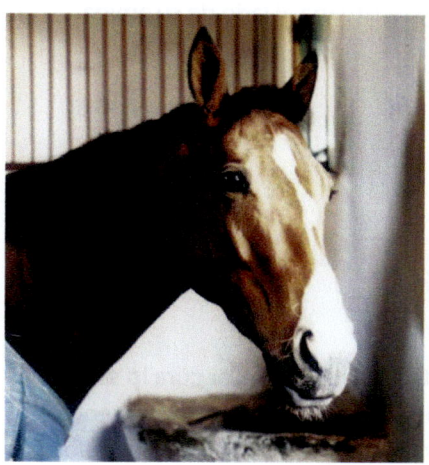

Gran Bet. Fotografía: Anahí Zlotnik.

Gran Bet no se recuperaba tras un tratamiento muy agresivo con cáustico en el metacarpo izquierdo, no engordaba, aunque había llegado redonda y alegre al picadero. Estaba desganada, como desgastada, en palabras del cuidador. Siempre irritada, pateadora, peligrosa en el box. Comprobé estos comentarios cuando la observé en su cuadra. Estaba aburrida, apática, como preguntándose qué hacía ahí encerrada, sin amigos. De hecho estaba en la esquina del box, mirando a la pared. Se me contrajo el corazón al verla así.

Hay caballos más sensibles que otros que tienen dificultades para recuperarse después del cáustico y viviendo encerrados. En este ambiente la yegua sufría de estrés por estabulación y supresión de síntomas.

Observé la relación con el peón, el cual tenía poca seguridad al entrar al box. Fui a entrenamientos para verla en la cancha. Pregunté cómo se comportaba el día de la carrera, las horas que pasaba en el box, el tiempo que pasaba fuera, estudié el tipo de cuadra donde vivía, pregunté quién la vareaba y quién la corría, cuántas veces al día comía, cómo lo hacía, qué le gustaba, todos los datos que pudieran ayudar a encontrar el mejor tratamiento y medicamento homeopático.

Tenía un temperamento fuerte, pero siendo un animal de tipo presa necesitaba sentirse segura en el box y fuera de él. Precisaba de relaciones sociales y lo que hablé con el cuidador hizo que la llevara a otra cuadra más grande con rejas y no paredes, de modo que pudiera comunicarse con otra yegua. Escuché su necesidad de tener amigas. Este cambio la fue mejorando cada día un poco. Dejó de ponerse contra el ángulo del box y se situaba al lado de su amiga.

En cuanto a la terapéutica

El medicamento homeopático actúa en los planos físico, anímico, energético y mental.

Tengo en cuenta el postulado de Hipócrates de que lo similar cura lo similar. Incluyo las características de la especie en la búsqueda del remedio homeopático.

Gran Bet tomó distintos medicamentos homeopáticos. Uno de ellos fue *Lachesis,* porque parecía celosa, sensible e inteligente, y porque este medicamento también cubre los síntomas de inflamación en tendones de la mano, la dificultad para recuperar peso, la inquietud y el nerviosismo, junto con la irritabilidad. Como acompañé con terapia manual, al tiempo arribé a otros medicamentos más certeros. Cada semana mejoraba un poco y cuando llegaba y la llamaba relinchaba con la cabecita fuera del box. Qué alegría me producía verla más alegre.

El caballo es un animal muy perceptivo que necesita grandes espacios donde vivir y adonde poder huir si fuera necesario. Investigando, la conducta de irritabilidad era coherente con la vida de encierro en pequeños espacios; el box es un lugar de soledad e inseguridad. Gran Bet no toleraba a nadie en la cuadra, pero yo pude vincularme a ella cuando entendió que podía confiar en mí a través del tacto. En el *stud* relataban que cuando salía era una princesa; se portaba bien, así como en las carreras. Y ese fue el punto de inflexión. Salir y moverse era lo más equino que vivía. El encierro, la oscuridad y la soledad no son naturales.

Los animales más inteligentes y sensibles padecen más que otros la falta de vida social y otros rituales propios de los caballos.

Cada vez era más fácil vincularme con ella, pues no solo le hice terapia corporal, sino que incluí amansamiento y guía para mejorar su vida en el *stud* con ejercicios de cercanía y distancia, con los cuales ella iba entendiendo que no tenía que agredirme ni asustarse. Un lenguaje claro de espacio individual. Comprendió que no iba a invadir su espacio y que ella tampoco tenía que amenazarme. Me fui transformando en una compañera de manada. La veía en los vareos y le iba dando *Arnica* cuando se encontraba muy tensa, y así también fuimos mejorando los recuerdos traumáticos que pudiera haber tenido, tanto del tratamiento de su mano izquierda como de algún miedo o dolor por golpes o esfuerzos.

Tras unos meses corrió y ganó, aun sin haberse recuperado totalmente a nivel físico. Pero se había restablecido bastante a nivel anímico. En ese tiempo tomó *Calcarea Carbonica*, un remedio que ayuda cuando hay gran necesidad de compañía, como era el caso, pero también cuando uno se irrita porque se siente inseguro, y que también puede actuar bien en casos de úlceras y alteraciones en los tendones y huesos de las manos.

Este remedio la mejoró muchísimo y supe que había ganado varias carreras más cuando dejé de atenderla. Incluso me contaron que la llevaron de madre a un haras[2].

El gran cambio que vivimos con ella fue cuando agarraba suavemente la manga de mi campera[3] para jugar y hacer contacto. Siempre recomiendo soltar a los caballos; incluso planteé el tema de tener lugares para pastar en los hipódromos...

Danny Boy, otro caballo muy desafinado

Este tordillo, de 18 años en aquel entonces, sufría de una enfermedad obstructiva pulmonar desde hacía unos años. Estaba siendo tratado con químicos que no lo mejoraban sino que cada día empeoraba con una tos seca y gran dificultad para respirar. Casi no se montaba.

En la primera consulta no obtuve muchos datos, pues su responsable, una joven adolescente, no creía en la terapia, por lo que no hubo mucha interacción. Más bien era con su madre con quien yo podía interactuar y conseguir detalles de la historia del caballo.

Era notable la falta de alineación en la columna, sobre todo en la región lumbo-sacra, donde presentaba dolor, y en las últimas vértebras torácicas, que se observaban rotadas y como levantadas, provocando seguramente dificultades en el funcionamiento de la región abdominal caudal. Lo habían infiltrado con cierta frecuencia por el dolor lumbo-sacro, la última vez hacía seis meses.

Me llamó la atención el que empeoraba cuando el tiempo cambiaba de frío a húmedo, detalles que en homeopatía se llaman «modalidad» y a los que prestamos atención por su importancia a la hora de escoger el medicamento adecuado. Esta modalidad y otros signos sugerían *Dulcamara*, que alivia algunos síntomas del sistema respiratorio como la opresión por catarro con ronquera y la tos con expectoración, y tiene afinidad con la esfera mental-emocional y respiratoria.

A la semana de haber comenzado el tratamiento estaba muy bien, sin medicación alopática, trabajando con ganas, llegando a saltar 1,40 metros, lo cual era muy notorio teniendo en cuenta que hasta que empezó la terapia recibía químicos para relajar los músculos de las paredes pulmonares.

---

2   Arg., Perú y Ven. potrero (sitio destinado a la cría de caballos).

3   Arg., Bol., Chile, Par. y Ur. Chaqueta de uso informal o deportivo.

Un detalle significativo de esta terapia fue algo que llamó mucho la atención a sus cuidadores: la liberación de gases; «como una bomba», dijeron.

Algo que se espera en este tipo de tratamiento es la depuración del organismo, que en este caso comenzó con gases. De algún modo se tenía que liberar de tanto químico.

Este hecho me hizo pensar que tal vez el trastorno respiratorio podría ser consecuencia de la acumulación de gases, que presionaban sobre el diafragma, y que, junto con la desviación de la vértebra torácica 13, que impedía una inervación fluida de la región, daban como resultado un cuadro de asma.

Cuando los allegados al caballo no han tenido experiencia tratando a sus animales con este tipo de medicina es posible que en la primera consulta solo se obtengan muy pocos datos pero, a medida que se familiarizan con la técnica viendo que sus animales mejoran, comienzan a dar más detalles acerca de la manera de ser y accionar de los mismos.

Van tomando confianza y se van animando a describir situaciones que tal vez les den vergüenza o no les parezcan significativas, por ser más bien de ámbito sensible y no estar acostumbrados a escuchar de un modo más perceptivo.

Al mes de la primera consulta volví a visitarlo. Se le veía muy bien. Hacía más calor que el esperado para abril en este hemisferio. Solía toser cuando no trabajaba, posiblemente por estar más tiempo encerrado en el box con viruta o aserrín.

En el último mes había vuelto a salir al campo con otros caballos y, según su amazona, iba muy contento e incluso corcoveaba tan fuerte que sorprendía a todos, aun con la grupa muy rígida.

Trabajé su grupa con técnicas de osteopatía y liberación fascial, junto con flexiones laterales para liberar la columna y crear espacio entre las vértebras.

Cuando hizo este ejercicio tosió varias veces, lógico si su columna había sido exigida. A la semana de esta visita tuvo síntomas de hinchazón en los cuatro miembros durante días demasiado calurosos para la época. Orinaba más que de costumbre, una orina turbia, y eliminaba muchos gases mientras caminaba.

Volvió a tomar *Dulcamara*, que ayudó a que se deshincharan los miembros anteriores, pero siguió hinchado hasta los garrones en los miembros posteriores. Aun así estaba bien de ánimo e incluso había saltado muy bien, sobre todo después de la técnica manual.

Los homeópatas estamos atentos a estas situaciones para discriminar si ese tipo de sintomatología constituye la llamada agravación homeopática, la angustia de todo homeópata.

En este caso era difícil de determinar porque este caballo había sido muy medicado, por lo que seguramente padecía síntomas secundarios producidos por los químicos recibidos junto con las infiltraciones.

Una técnica que me es útil en estos casos en los cuales no hay peligro para la vida del animal es averiguar un poco más sobre los humanos que lo rodean. Qué sorpresa me llevé cuando me fui a caminar y conversar con su joven amazona, quien se abrió a mí y me comentó que hacía muchos años había tenido un caballo muy querido que había muerto de asma. Traté de hacerle comprender que esa carga que el caballo sentía por su pasado no estaba ayudando. De este modo también yo me calmé al entender toda la angustia que percibía en la situación. Y esto me dio más claridad, porque el caballo volvía a tener los garrones hinchados y calientes, y decidí cambiarlo a *Carbo Vegetabilis*.

La conversación con la joven me convenció más de lo que voy observando en los animales y sus dolencias.

Ellos cargan los dolores y las dificultades de sus allegados humanos, y muchas veces, cuando estos son incapaces de observarlo, se produce un obstáculo a la curación.

Siempre que puedo entablar una conversación con las personas y trabajar este aspecto la situación se hace más fluida.

En aquellos días me tenía que ir de viaje bastante lejos. La sorpresa fue cuando, estando en España, abrí un correo que decía: «Buenas noticias desde Argentina». Y fue que este noble tordillo, de 18 años, había competido en una prueba muy exigente para él, en un día de lluvia y con barro, en la cual la mitad de los competidores fueron eliminados y él ganó. Qué suerte que existen humanos que se acuerdan de los veterinarios también para compartir buenas noticias.

Mi alegría fue que ganó estando bien. Sin ninguna «cosita» o «agregado» para «que ande mejor». Ganó con su propia potencia en el mejor estado que podía tener. *Fair play*.

Le seguí tratando durante dos años, hasta que lo liberaron en el campo para un merecido descanso. Siempre fue un placer atenderlo; era como un maestro caballo. Seguro, tranquilo, colaborador. Durante todo el tratamiento continué trabajando su lomo; la torácica 13 fue mejorando en alineación, fue elongando la región, lo que expresaba galopando fluidamente.

El primer año de tratamiento estaba «ganoso», fuerte. Y a los tres meses de la toma de *Carbo Vegetabilis* se le peló la cruz. A través de la piel eliminó los síntomas respiratorios y digestivos. Al mes siguiente se produjo otra vez, con lo que perdió todo el pelo, incluso antes de la muda normal de primavera. Cambió el pelo seco, áspero y grisáceo por uno muy blanco y brillante.

A medida que el tratamiento iba produciendo cambios para bien, el caballo dejaba de reaccionar curvando la columna cada vez que lo montaban.

Agregué vitaminas A y C como protectores de las membranas pulmonares, y ajo y anís como expectorantes y estimulantes de la expulsión de esporas, polen y otras sustancias para tratar la suciedad.

A veces me llamaban cuando le notaban cansado. Con la terapia corporal y una ingesta de *Carbo Vegetabilis* mejoraba rápidamente. Por supuesto, con el cuidado de hacer un entrenamiento más suave.

Una de las maneras en que controlaba la salud de este caballo era atendiendo a los melanomas que tenía en la cola. Estos son típicos de los tordillos. A veces crecen y luego se detienen. En este caso allí estaban, sin aumentar de tamaño ni cantidad. Al año siguiente tuvo dolor en la pata izquierda por inflamación del tendón extensor. Aparentemente la amazona se apoyaba más del lado izquierdo, provocando un esfuerzo mayor del caballo en esa pata.

Jinetes y amazonas deberían trabajar técnicas corporales enfocadas a mejorar el asiento y el equilibrio para evitar lastimar a sus caballos.

Habían reaparecido un poco de tos seca y mucosidad amarilla. Con una toma de *Carbo Vegetabilis* mejoró rápidamente. Al mismo tiempo reforzamos los músculos glúteos con vitaminas B1-B6-B12. Había un pequeño desgarro en el glúteo medio; había pasado un año deportivo muy bueno pero también muy exigente para un caballo de 20 años o más. Al año volví a verlo tras haber recibido una vacuna contra la gripe. Tenía los miembros posteriores fríos y comía bosta. Lo demás estaba bastante bien. Volvió a tomar su medicamento. Es un proceso dinámico; cada día es distinto.

El *Carbo Vegetabilis* acompañó a Danny Boy en los cambios de tiempo, pues se sentía menos bien cuando el tiempo era caluroso y húmedo. También lo apoyó cuando sentía frío interior. Lo ayudó a eliminar moco amarillento. Estuve en contacto con él varios años y se le veía muy bien, a sus casi 22 años, con salud y buen espíritu.

El entripado de Finnay

Hace unos años, un colega alópata me consultó porque conocía mi práctica no convencional y se interesó por un modo distinto de tratar los cólicos. Estaba atendiendo a una yegua de salto que sufría de cólicos espasmódicos que se repetían con frecuencia y cada vez eran más profundos, graves y difíciles de resolver, y a ella le costaba más recuperar su estado corporal y anímico. Era una joven yegua zaina colorada de seis años.

Como mi intención es conocer el comportamiento de los caballos para comprender mejor sus síntomas, fui teniendo en cuenta que algunos caballos pueden aparentar agresión cuando en realidad tienen miedo. Su timidez, sensibilidad y percepción les hace muy atractivos de estudiar y para aprender.

Hago esta presentación de Finnay, la yegua, pues se mostraba irritable, temperamental, aunque afectuosa, pues sufría por falta de comprensión y manejo inadecuado. Estaba triste y tenía afectado el plexo solar, que estaba tenso, y su sistema digestivo no podía digerir la falta de compresión a la que estaba sometida. Un remedio muy adecuado para animales temperamentales y afectuosos e irritables con tendencia a dolores en abdomen de tipo cólico es la *Nux vomica*, que sufre mucho la falta de sentido común de los humanos.

Durante el contacto con Finnay, además de los síntomas y signos, anoté estas palabras: cólico, alimento, artificial, comportamiento, irritabilidad, comprensión, temperamento.

En la interconsulta, mi colega relató lo siguiente: «Los cólicos al principio eran espasmódicos y luego se transformaron en impactados con los siguientes síntomas: en los primeros cólicos, antes de manifestar síntomas de dolor abdominal, la yegua mostraba un estado de excitación, luego se quedaba rígida, sobre todo en los miembros posteriores, hasta que aparecía el cólico. Durante un tiempo lo podían resolver con la medicación acostumbrada, pero cada vez les era más difícil sacarla del proceso agudo, porque este se prolongaba mucho más y le costaba más tiempo recuperarse. Por este motivo decidieron experimentar con otra terapia».

Me encontré con una yegua afectuosa con mucho dolor, bastante decaída, con el pelaje opaco, pero que se comunicaba con mucha presencia. Indagando acerca de su forma de ser surgió lo siguiente: «Cuando la sueltan corre, corre y corre, y ellos creían que era por excitación» y comentaron que «cuando se la monta se apoya mucho en la boca y si se la quiere detener se enoja». Me pregunté en silencio si se apoyaba en la boca porque las manos de la amazona eran duras. También encontré sus extremidades frías, con mucha tensión en la articulación temporo-mandibular (este dato demuestra el estado de tensión en que estaba la yegua). En cualquier caso estuvo atenta y colaboradora.

Existen miles de remedios estudiados en homeopatía, todos ellos con vida propia y detalles sutiles que los diferencian. Cada uno abarca muchísimos síntomas y el que puede ser beneficioso para un organismo puede no serlo para otro.

Los caballos no son máquinas a las que les falla una bujía; por el contrario, son tan sensibles y perceptivos que a veces sufren por situaciones muy sutiles difíciles de identificar por parte de personas poco empáticas. Si logramos hacer un contacto real y sincero con ellos podemos obtener profundas comunicaciones. Cada vez es más importante entender la carga y la presión que sus allegados humanos ponen sobre ellos: que sean perfectos saltarines, que les proporcionen estatus social, premios, que les hagan sentirse poderosos, ganadores, estrellas, o que cubran sus carencias de afecto, seguridad, o cualquier otro tipo de vacío, ya sea espiritual o existencial.

Finnay venía sufriendo de problemas intestinales por no poder adaptarse al trabajo y la falta de una guía coherente, pues la que tenía no la entendía, se peleaba con ella y no le prestaba la atención necesaria. Recibía un trato muy duro en el ambiente en el que estaba. Muchas veces los jinetes o amazonas dicen: «Se pelea conmigo», «se pone dura», «no me hace caso», cuando en realidad deberían decir: «Me peleo con ella», «me pongo rígido», «no la escucho». Ella se estaba tragando la gran frustración que sentía por falta de comunicación y afecto y la *Nux vomica* es adecuada para el cólico de los niños temperamentales, que manifiestan dificultades en el estómago cuando se sienten frustrados y no escuchados. La *Nux vomica* sufre por la cólera, y lo hace con cólicos, calambres, espasmos, con rigidez en todos los músculos, sensibilidad exagerada, irritabilidad excesiva. La sintomatología mental siempre tiene que estar confirmada por la física.

Recomendé acompañar el tratamiento con paseos, masajes y paños en la zona abdominal. A la semana de esta primera consulta la yegua estaba más tranquila, había recuperado peso, el brillo de su pelaje iba reapareciendo y no se habían repetido los cólicos.

A los dos meses estaba mucho mejor, el pelaje brillante, la expresión vivaz y cristalina.

Algo que observo con frecuencia cuando el animal mejora es que se ve en sus ojos, que recuperan la fuerza de la vida.

Había engordado, comía normalmente. Mientras tuve contacto con la situación supe que no se repitió el cólico y que algunos de los consejos respecto a la comprensión de las necesidades de Finnay habían sido tomados en cuenta y puestos en práctica.

Los caballos necesitan comer caminando, en grupo viendo a sus amigos, eligiendo el pasto. Un manejo alimentario pobre los desequilibra. Es imprescindible para su bienestar que tengan posibilidad de elegir su alimento. Que puedan caminar y hacerlo en compañía.

El cólico es la consecuencia de un manejo alimentario inadecuado, exceso de grano, estrés, tensión, encierro, poco ejercicio, cambios bruscos de temperatura, maltrato y vida artificial.

Cimarrones de Tornquist en Buenos Aires, Argentina. Fotografía: Juan Canale.

Desafortunadamente, en los centros ecuestres habitualmente los alimentan dos veces al día, con suerte tres, lo opuesto a las necesidades físicas y anímicas de los caballos. Cuando son alimentados de este modo sufren porque, aunque coman la cantidad suficiente, pasan muchas horas sin hacer nada, sin poder tomar pasto con la cabeza gacha, sin poder caminar, sin usar la energía que tienen. El estómago del caballo tiene receptores del hambre, que en estas condiciones se activan como si el animal estuviera ayunando. Esta es otra causa de cólico.

Entendiendo lo sensible que es el intestino, cuyo tejido embrionario es el mismo que el del corazón y el cerebro, al que últimamente llaman el segundo cerebro, podemos captar el gran cuidado que debería recibir un caballo que vive de forma doméstica para mantener su microbiota en condiciones normales, pues se altera por el más mínimo desarreglo que los humanos provocan, e incluso por gritos, hostilidad y otras situaciones no armónicas.

Algunos detalles de este caso

La joven tutora de la yegua y el veterinario hicieron el tratamiento homeopático por desesperación, pero no por convencimiento. Este fue un caso en el cual me enfoqué en el problema físico para luego agregar algo si había oportunidad.

Me centré en la espasticidad de los cólicos, en la impactación, así como en la excitación y molestia de la yegua hasta el estado de rigidez que iba presentando, sobre todo en los miembros posteriores.

Siempre hay que conocer el estado de la dentadura, pues una dentadura descuidada puede empeorar la tendencia a los cólicos.

Para mejorar la vida del caballo o de la yegua se debería hacer un trabajo con el jinete o amazona para que sean conscientes de que están con un ser vivo que necesita ser entendido.

Algunos caballos que viven en un medio artificial se someten a las personas con las cuales se relacionan para estar en paz, pero no siempre pueden adaptarse a un medioambiente difícil. Por ser animales sociales tienen la capacidad de mantener relaciones de amistad profunda con sus congéneres y al no tener otros amigos equinos tratan de tener este tipo de relación con su humano, con el peón, con la gente más cercana. Cuando esta intención se frustra sufren porque se sienten solos.

Entonces, cuando la soltaban, Finnay podía mostrarse como un caballo libre con su fuerza de vida. Esta fuerza de vida era reprimida por su amazona, que cuando la montaba era incapaz de comprenderla y guiarla con suavidad.

Durante el contacto físico entendí su necesidad de afecto y compañía, la cólera con ansiedad y por contradicción, pues se irritaba cuando la frustraban o se sentía frustrada. Esto le producía decepción, descontento y gran pena, con excitación emocional. También palpé su gran capacidad de concentración y presencia en su modo de conectarse activamente en el vínculo. Si se excitaba mucho era porque estaba frustrada, con energía vital que no podía usar. Le gustaba hacer las cosas con ímpetu.

En cuanto a lo físico, su abdomen estaba distendido, con dolor calambroide, tipo retortijón. Cuando se sentía mal le costaba defecar y a veces lo hacía de modo insuficiente.

¿Cómo comunicaba Finnay su frustración y su necesidad de ser tenida en cuenta? Con

- Tensión
- Debilidad
- Afectividad
- Tristeza
- Concentración activa (por su voluntad de cooperar)
- Rigidez

Me hubiera gustado haber seguido en contacto con Finnay. A veces, como a ella, me queda un entripado cuando no puedo seguir el proceso del animal a lo largo de sus años pero intuyo que puede estar mucho mejor.

El ambiente da forma a la vida. Este potrillo habita su cuerpo y salta detrás de su madre sobre un arroyo de agua cristalina. Fotografía: Juan Canale.

CAPÍTULO 2

Un camino de ida
Arelo, Colina, Kenso, Sidharta, Bambi, Feliz Estrella, Finita, Felipe, Icaso, Azteca, Casul, Pepita

El gran cambio en mi vida sucedió en 1977, cuando trabajé como petisera y entrenadora en una escudería en Asti-Torino, Italia. Una escudería es un centro hípico particular. Tenían 11 caballos, de salto, *endurance* y *eventing*. Caballos irlandeses, mestizos, árabes y uno de la reserva olímpica italiana de *eventing* llamado Killbracken. Mi jefe se llamaba Enea Camilli. Su hijo Maurizio era el jinete.

Killbracken, Isolla Bella, Italia. Fotografía: Anahí Zlotnik.

Mustang. Isolla Bella, Italia, 1977.

Mi forma de cuidar, montar y entrenar fue reconocida por los jinetes de la región. Llegaron a ofrecerme quedarme a trabajar con ellos, en su equipo, y recorrer Europa y Canadá para hacer las pruebas de Completo internacionales. Decidí volver a mi tierra, Argentina, pues quería graduarme como veterinaria allí.

Como estudiante de Veterinaria había podido compartir estas experiencias con caballos con compañeros y profesores, aunque entonces era un mundo muy hostil para el caballo y las mujeres. Lo mismo pasaba cuando practicaba equitación. Los veterinarios con quienes compartí un tiempo, salidas y aprendizajes, y como parte de un grupo enfocado en los caballos de carrera, fueron amables conmigo. Pero el modo en que trataban a los caballos era muy distante de mi naturaleza. Y ser una mujer tímida e insegura por aquel entonces no me ayudaba a exponer mis sensaciones y sentimientos con la firmeza que habría necesitado.

Cuando volví de Italia, donde me había ido tan bien, fue muy duro; haber sido reconocida allí y ser ignorada y minusvalorada en mi propio país. Hubo un momento bisagra en que me alejé del ambiente veterinario cuando vi cómo dejaban morir un caballo en un lugar de renombre y me paralicé. Venía escuchando que todas las semanas, o frecuentemente, morían o tenían que sacrificar potrillos o potrancas que se fracturaban en la pista durante el vareo. Me resultaba inconcebible, pero no tenía voz. También me sentía mal en los clubes o hipódromos porque era «nueva» y, a pesar de tener un buen vínculo con los caballos, era un ambiente complicado para poder ofrecer un punto de vista diferente como la homeopatía, la etología clínica y las terapias físicas en las que me había formado durante esos años, así como mi experiencia en la danza, que me dio herramientas eficaces y sutiles para incorporar a mi vertiente veterinaria.

Así, muchos años después de haber vuelto de Italia, aún seguía alejada de los caballos por la gran frustración que sentía en el ambiente hípico y me había dedicado a estudiar distintas técnicas de danza y homeopatía. Vivía de la atención a pequeños animales, bailaba tango profesionalmente y daba clases de tango y clases danza para niños. Pero algo me estaba faltando, algo no estaba en su lugar.

Era 1996 y necesitaba retomar mi profundo vínculo con los caballos; mi alma anhelaba conectar nuevamente con ellos, mis amigos de infancia. También precisaba estar con gente con quien experimentar cercanía en las vivencias con los caballos.

Un día, una amiga amante de los caballos que había leído el trabajo de Martín Hardoy me dio un artículo que había salido en un periódico. Llamé al diario y me pasaron su contacto. Me comuniqué con él y comenzamos una amistad caballista hasta el día de hoy. Tomé un curso con él, que me ayudó a retomar mi contacto con la gente-caballo, personas que quieren conocer la forma de ser de los caballos y cuidarlos y acompañarlos; y así fue que Martín y su socio Diego me abrieron las puertas del haras argentino para que pudiera comenzar mi práctica con los caballos y con esta terapia, que en aquel momento era apenas un puñado de semillas que necesitaban florecer y ser integradas.

Durante esos años practiqué con caballos alojados en el haras que no eran pacientes míos, pero sobre los que a veces podía dar mi opinión o alguna sugerencia.

Tener la posibilidad de practicar con muchos caballos fue muy útil para aprender a vincularme con los responsables de los mismos y estudiar muchos y distintos animales, así como hablar con los peones y los responsables del lugar.

Fueron tiempos de mucho aprendizaje.

El alazán de Óscar. 15 de marzo de 1999

Óscar tenía un caballo purasangre de carrera, castrado. Mis primeras indicaciones homeopáticas en el haras fueron que tenía un diagnóstico de *Staphylococosis* que se mostraba en un pelaje pobre cubierto de peladuras. Receté *Sulphur*, un medicamento muy conocido en homeopatía por su gran acción en la piel y demás tegumentos, medicamento que abarca otros miles de síntomas, pues es considerado un depurador en homeopatía clásica.

Cuando volví al haras vi a Óscar con expresión alegre y sorprendido por cómo había mejorado el alazán en cuatro días.

No hay lentitud en el funcionamiento de la homeopatía, solo hay que encontrar el medicamento adecuado.

Él notaba la rapidez de la mejoría. También a mí me sorprendió, pues había estado trabajando con pequeños animales y de granja y no estaba acostumbrada a medicar caballos. En esos años no había programas de homeopatía en Internet, por lo que mediqué por los síntomas de la piel y la forma de ser del alazán. El vínculo de confianza con Óscar fue un obsequio de la vida. Teníamos afinidad en el modo de tratar y entender a los caballos. Esa resonancia atrae los detalles necesarios para la curación.

El tordillo Cirujano

Este fue un caso muy complicado, pues era un animal espectacular que no salía mucho, estaba desesperado y no paraba de morder por el grado de frustración que tenía. Es lógico que expresara su desesperación de alguna manera, y lo hacía a través de la boca, mordiendo, síntoma al que pudimos ayudar con *Belladonna*, un remedio de la planta *Atropa Belladona*, de una familia intensa como las solanáceas en su modo de ser. El deseo de escapar de la situación es un signo claro de desesperación y frustración, junto con la inquietud y la ansiedad nerviosa. Hay que imaginar el interior de ese tordillo y cómo estaría viviendo encerrado. La *Belladonna*, que lo espejaba, ayudó un poco a serenarlo aunque, por supuesto, sin un cambio real de su situación. Esta terapia es mágica.

Arelo, un árabe de dos años

La comunicación con los caballos y los humanos fue fundamental para encontrar síntomas peculiares y característicos que me permitieran medicar con precisión.

Este potrillo tenía la lengua entre los dientes, dando la impresión de que lo hacía para enfriarlos porque estaba cambiando los dientes de leche y tenía pequeñas úlceras en las encías. Mi sensación era que, como algunos bebés, sufría dolores de dentición.

Recibió *Silicea* y a los pocos días las úlceras habían desaparecido, pero seguía con la lengua entre los dientes. Así que, estudiando el repertorio homeopático de la sección de la boca, y específicamente de la lengua, encontré el síntoma que mostraba Arelo al pasarse la lengua por los dientes, que tiene el *Carbo Vegetabilis*, entre otras sustancias. Y poco a poco el cambio de dientes se fue haciendo menos traumático. Si bien hay medicamentos más específicos para la dentición, fui aprendiendo a entender la situación y el contexto del animal, lo que me fue llevando a conectarme de otro modo con los medicamentos homeopáticos. El *Carbo Vegetabilis* contaba lo que le sucedía en la boca con úlceras en las encías y dificultades para pasar de un estado a otro.

Arelo estaba cambiando los dientes, pero el paso de un estado al otro, tal vez porque había cambiado de lugar físico, podía haberle causado estrés. Haberse separado de su grupo y vivir en un box no le estaba ayudando**.** Y el *Carbo vegetabillis* le facilitó el pasar a otro estado.

Caballo blanco de 20 años desatendido

Este caballo era mayor y estaba con caries en los molares; no le prestaban atención, algo que nos despertó compasión a Óscar y a mí. Estaba de paso, nadie lo conocía, pero nosotros nos preocupamos porque le vimos descuidado y quisimos ayudarlo. Lo mediqué con *Silicea* y al poco tiempo estaba alegre, juguetón y retozón cuando trabajaba, y así siguió hasta donde supe. La gente del lugar me comentó unos meses después que se le veía muy bonito.

Alazán lastimado

Este alazán tenía heridas laceradas y una hemorragia nasal derecha. Había sufrido un accidente y había llegado muy mal de un lugar donde había sido maltratado. Mi foco fue disminuir con urgencia la posibilidad de infección.

Preparé un complejo de *Calendula, Arnica* y *Crotalus hórridus,* que detuvieron la hemorragia a los cuatro días y las heridas fueron cicatrizando bien.

Todo el planeta es una conversación. En esta conversación aprendí a escuchar a las sustancias que podían ayudar al alazán.

Cuando estuvo mejor busqué un medicamento que se asemejara a su modo de ser y apareció el *Gelsemium*, porque uno de los signos que me llevó a él fue que lo vi montado y tuvo una materia fecal suelta por susto, creo. También observé que se asustaba no solo montado, sino durante el manejo pie a tierra. Susto y desconfianza. Este modo de reaccionar es espejo del *Gelsemium* y muchos otros medicamentos. Día a día se fue calmando y llegué a cepillarlo con tranquilidad y escuchándolo. Estaba tan aterrado por el accidente que el haber podido cepillarlo fue un paso importante para él. Fuimos conectando con un caballo amistoso y dos meses después de su primera toma de homeopatía estaba con mocos, exudando lo negativo y al mismo tiempo recuperando el estado de tranquilidad. Durante ese período mejoró un 70 %.

Colina, un zaino colorado

Este era un caballo Silla Argentino, de madre Hannoveriana y padre Silla Francés, de 1,75 m de alzada. Lo tenía un herrador. Cuando hice la consulta comentó: «Salta muy bien. Es grandote. Su musculatura está en preparación. El doctor dice que le falta osificar». En este caso el herrador que lo tenía quería probar la homeopatía y mi opinión, aunque no fuera consulta, y accedí a medicarlo para ayudar al caballo, seguir aprendiendo y difundir este punto de vista tan poco común en aquellos años. Pude ver su radiografía, y por los datos del colega cuya opinión era fiable para mí, decidí darle *Calcarea Carbonica*. No tuve noticias por un tiempo, hasta que un día me crucé con el herrador, que me dijo que Colina estaba muy bien.

Fui aprendiendo que algunas personas dan por suficiente la mejoría en lo que ellos buscan, pero no se van a interesar por una forma de prevención integrada.

Fueron años de siembra, en los que me iba familiarizando con los remedios homeopáticos en equinos e iba retomando el contacto con ellos. Fue un paso para armar una terapia integrada.

Kenso, un tipo tranquilo

En aquel entonces Kenso tenía 5 años, su pelaje era zaino colorado, con una lista blanca en la frente, calzado de patas y manos. Un manso y hermoso árabe, vivaz e inteligente. Era un espectáculo verle jugar con su humano, con quien estaba desde que era potro. Lo había terminado de domar cuando empecé a ir al haras.

Tenía una deformación marcada en los garrones. Tal vez era muy potro cuando fue domado. A algunos animales cuya osificación necesita su tiempo se les pueden deformar los huesos por una doma temprana. Y observo que los caballos con un buen trabajo de mantenimiento en los cascos sin herraduras pueden mejorar mucho la estructura de sus garrones.

Se mostraba juguetón; era muy estimulado por su amigo humano. Aunque a comer iba apurado, comía tranquilo, como si se cuidara al alimentarse. Dejaba un poquito, comía lo necesario y cruzaba las manos mientras lo hacía. Tranquilo para beber. Entraba manso al box.

Era tranquilo para servir a las hembras, realizaba los rituales sin apuro, oliéndolas, acercándose y contactando. También era manso durante el trabajo montado, incluso cuando veía a otros caballos.

Los humanos decían de él: «Es un tipo tranquilo».

Este comportamiento se debía también a su jinete, quien comentaba lo inteligente que era, que aprendía con facilidad: «Aprende todo», decía su amigo. Daba la mano, era capaz de relacionar todo muy bien. Sus movimientos, siempre vivaces, salía del cabestro como una chispita, pero entraba y pasaba suavemente por cualquier puerta.

Cuando le fui conociendo vi que Kenso parecía que se mortificaba si lo maltrataban; se quedaba como pensativo y reservado. Y a finales de 1998 tuvo pérdida de visión por una rodada, momento en que recomendé *Phosphorus* junto con el tratamiento alopático, pues había presión sobre el nervio óptico a causa de una subluxación del lado derecho del atlas. También sugerí un protocolo desinflamatorio. Fue mejorando poco a poco, y sobre todo tras una terapia manual en las vértebras. Pero, cuando salió del cuadro ocular, lo mediqué con *Aurum* en base a síntomas del repertorio. Kenso comprendía rápidamente lo que tenía que aprender, era vivaz, juguetón y sensible al reto, incluso hasta mortificarse. Su pulso venoso era fuerte y notable. Defecaba varias veces al día en pelotitas. Era delgado.

Fotografía: Diego Battistoni.

Cuando Diego le prestaba atención se ponía contento y salía corriendo los primeros metros cuando lo soltaba en el circular, luego olfateaba y se tranquilizaba. Una vez que estaba excitado, lo corrieron por atrás y se enojó. Si lo trataban con calma respondía bien. Aunque salió primero en La Rural con una amazona y con Diego en riendas y cañas observé que a veces le costaba usar bien la extremidad anterior derecha.

> **Siempre sigo estudiando a mis pacientes y escribiendo porque poco a poco voy conociendo a cada uno y a veces descubro aspectos que me asombran.**

Escribí: «Animal conectado con lo que ocurre. Atento, dócil, entregado. Responde bien al afecto y al trato suave. ¿Le gusta o le sale naturalmente hacer bien las cosas? Es un animal medido a pesar de ser un semental.

Puntos de trabajo:

- Miembro anterior derecho en la Inserción del músculo flexor profundo en lateral
- Nuca: toda la región.
- Miembro posterior izquierdo, la articulación metatarso-falángica-nudo.
- Pulso venoso fuerte, duro. Es un árabe.
- Inteligente, capacidad de aprendizaje, juguetón y a la vez delicado.
- No se le puede tratar con rigor, sí con suavidad».

Cuando lo mediqué estaba flaco y con dolor en la articulación atlanto-occipital. Pero con *Aurum* pudo recuperarse completamente tras la rodada que había sufrido. Vivió muchos años en el haras y luego en otro lugar. Siempre fue querido y su presencia trajo alegría a los ojos de varias personas.

Sidharta

Semental pintado, de 3 años, hijo de un purasangre, mi primer paciente del haras. No reaccionaba adecuadamente, no sabía seguir cuando lo llevaban del cabestro, atropellaba repentinamente. A veces se sentaba y golpeaba. Tenía un comportamiento torpe.

Intentaba relinchar, pero no podía. Por ejemplo, estaba atado al lado de una yegua y no reaccionaba. Se rascaba la cola, se le caía el pelo, su pelaje estaba lleno de costras. Estuvo desnutrido después del año de edad y no tuvo un buen desarrollo. Lo habían descuidado y su humana no le daba pautas claras y él se paraba de manos. Era potro aún, no tiraba a morder, vivía con la cabeza gacha, se quedaba donde lo ponían, estaba muy flaco.

Me llamó la atención la falta de comunicación con apatía, el crecimiento y las reacciones lentas.

Fui medicándolo, mejoraba poco, seguía flaco pero su mirada se iba haciendo más viva, estaba un poco más activo y se masturbaba mucho, algo opuesto a la apatía.

En un momento tuvo mucho moco, ganglios submaxilares inflamados, con decaimiento, tristeza pero con ganas de salir. Receté *Calcarea Phosphorica* y a los pocos días me llamó la responsable diciendo que estaba mucho mejor. El tema del desarrollo y la falta de respuesta adecuada me guiaron a esta sal, que funcionó bien. La desnutrición podía ser la causa del dolor óseo y de ahí su torpeza en el movimiento.

Los caballos son movimiento y, si no pueden moverse a su gusto, sufren y tienen dificultades para adaptarse porque, de ser perseguidos, estarían en una posición vulnerable.

Era claro que a él costaba comprender, pero no por falta de inteligencia, sino por razones físicas y falta de contacto.

Yegua tordilla con hemorragia

Fue un caso de urgencia, pues la yegua, después de ser montada por el semental, tuvo hemorragias por la vagina. Para estudiar este síntoma encontré que hay un síntoma de hemorragia post-coito y metrorragia después del coito. Hay varios medicamentos para tratarlo. Y justo en mi maletín tenía *Calendula* y *Millephollium*, sustancias que se expresan muy bien en lastimaduras y hemorragias, entre muchos miles de síntomas. Recibió varias tomas seguidas, al mismo tiempo que medicación alopática. Salió adelante aunque meses después presentó síntomas de mucho dolor y miedo. También fue otra emergencia que superó con *Cantharis,* un medicamento que actúa muy bien en la esfera renal, y al mes el jinete comentó que estaba mucho más mansa de abajo.

Estas situaciones nos muestran cómo cada sustancia se expresa de una manera que puede ser espejo del modo en cómo se expresa el animal.

Bambi

Llegué a La Madalena por amigos comunes. La atención de los animales en el lugar fue una experiencia muy positiva. Sus responsables conocían de homeopatía, lo que hizo que la atención fuera más fácil.

Allí conocí a la yegua Bambi. Tenía heridas que curaban lentamente, pues las padecía desde hacía cinco meses en el nudo de la extremidad anterior izquierda. Una de las sales de calcio, la *Calcarea Sulphurica*, tiene una profunda acción en procesos supurativos. Y así fue, pues ayudó a completar la curación. Además, recibió técnica corporal, pues aunque le costó dejarse tocar las patas, se dio cuenta de que no la dañaría y lo aceptó con gusto.

La llevé a un corral redondo para verla moverse y conocerla mejor. Parecía un poco desconcertada, pero poco a poco fue entendiendo cómo moverse tranquila y comenzó a andar en círculo, pese a que el potrero era pequeño. Aprendió a ser cabestreada y en cada ejercicio fue respondiendo más calmada.

Al día siguiente, antes de ir al corral redondo volví a hacer contacto con ella el resultado y fue mucho mejor, pues pudo relajar y elongar el cuello.

Aceptó el contacto con la matra[4] tranquila, como también que el cabestro fuera arrojado cerca y lejos de ella, quedándose quieta y confiada. Este ejercicio de arrojar el cabestro fue aceptado por todos los caballos con quienes trabajé esos días: Gitana, Niña, Comodín y Bimba. No se le puso montura ni freno pues había trabajado correctamente, prestando atención a pesar de estar en un lugar pequeño.

Aprender a observar los pasos es una técnica.

La *Calcarea Sulphurica* ayudó a que el proceso de aprendizaje se desarrollara sin estrés, de modo cognitivo y con interés.

Feliz Estrella, en un haras en la provincia de Buenos Aires

Feliz Estrella era una yegua mimosa con infosura en la mano izquierda. Era el año 2002 y había sequía. La yegua estaba obesa. Cuatro meses antes había sido

---

4   La matra es una manta burda de lana o algodón que se coloca encima de la sudadera o la reemplaza. Fuente. Wikipedia.

preñada por inseminación artificial y había sufrido la reabsorción de un embrión de mes y medio. Antes había parido varias crías por servicio natural. Había tenido hormiguillo hasta la corona y reabsorción de la punta de la tercera falange. Apoyaba la cabeza en su amiga humana, comilona, incluso comía tierra. No demostraba dolor, «se la aguanta», y, como dicen en el campo, «es sufrida»; era el modo en que la describía la dueña del lugar.

Anoté: «Asimilación incompleta, no se nutre. Reabsorbió el embrión. Huesos débiles. Pobre estructura de los cascos». El contacto con ella era como escuchar hablar a la *Calcarea Fluorica,* una sal de calcio que funciona en diferentes niveles.

Mejoró rápidamente y cuando salió del box al día siguiente lo hizo corcoveando y corriendo. El absceso que tenía en el casco se abrió por la palma y salió todo el pus. Y pararon de hinchársele las patas cuando dormía en el box y había dejado de golpearse en el mismo después de recibir la *Calcarea Fluorica*. Su tercera falange estaba en el lugar y mejoró la salud de sus cascos. Junto con la mejoría física hubo mejoría en el ánimo, pues el animal se mostraba alegre.

Finita, una alazana con muchas ideas

Tenía 9 años cuando la conocí, una lista blanca en la cara, cabos blancos y la característica de querer hacer distintas actividades al mismo tiempo, conforme a la descripción de la propietaria del lugar.

Era interesante hablar con la mujer que estaba a cargo de esos caballos, pues era meticulosa cuando los describía.

Muchas veces habría que tratar a los humanos cercanos al caballo.

Finita decía que preguntaba todo, que demandaba atención, aunque esto más bien era un rasgo de la mujer, que sí que requería mucha atención.

Me enfoqué en el aspecto clínico de Finita, técnica que me funciona para desapegarme de la ansiedad o confusión humanas y así dedicarme al paciente. Encontré un desgarro en la inserción del músculo dorsal largo a la altura del serrato torácico del lado izquierdo.

Aparentemente el tema estaba en la paleta derecha, del lado de la mano en que había tenido hormiguillo y ruptura del metacarpiano rudimentario. ¿El desgarro del lado izquierdo procedía de la paleta derecha?, me pregunté.

También había dolor en el rudimentario medial de la mano derecha, dos hormigueos sin dolor en la mano izquierda y los garrones eran un poco rectos.

A pesar de que la describían como vaga, creo que en realidad le faltaba estímulo adecuado. Con acupuntura en el lomo y unos glóbulos del medicamento homeopático *Angustura* que le ofrecí con mi mano, por cómo la espejaba mejoró mucho.

Felipe el «descangayado»

Felipe era un caballo zaino doradillo, desunido, «descangayado», pues caminaba como sin rumbo. Esta descripción que hacía la mujer de él era bastante objetiva. Mi sensación era la de fragmentación de la cintura escapular y la cintura pélvica pues era desunido, fragmentado; realmente estaba mostrando algo del ambiente. Este estado de desunión se debía en parte a que le habían lastimado las manos y las patas, obligándolo a saltar más alto de lo que podía, respondiendo como podía siendo muy joven, lo que lo llevó a perder armonía en las uniones. Era angosto de conformación, muy obediente y respondía muy bien a lo que se le pedía, pero no podía avanzar, y cuando trotaba era como sí se fuera para arriba en vez de ir hacia adelante. En su desesperación por cumplir podía llevarse una baranda por delante.

Siendo tan joven, tenía dolor por artrosis y esfuerzos en las articulaciones metacarpo-falangeanas y metatarso-falangeanas, en el carpo izquierdo, las cuartillas, los cascos de las manos y el garrón izquierdo.

En esos días tomó unos glóbulos de *Strontium Carbónicum,* que ayuda a disminuir el trauma, y sugerí que saliera a pasear, que por unos días dejara de entrenar, para que pudiera comunicarse desde el bienestar y la relajación.

¿Cómo lo ayudo a re-unirse?, me pregunté. Con unas sesiones de acupuntura, terapia manual y *Phosphorus* se fue mostrando más derecho, sin bambolearse, sin dolor. Incluso pudo mostrar su disconformidad trabajando en la manga. Se irritó y no se achicó.

La manga es un lugar donde se trabaja a caballos muy jóvenes, en la cual son obligados a saltar lo que se les ocurre a los que los entrenan, sin tener en cuenta que son animales jóvenes que aún no han completado su crecimiento y que necesitan aprender a coordinarse y usar el sistema músculo esquelético de modo más orgánico.

El resultado, como ocurrió con Felipe, es que muchos de ellos se lastiman por no estar en condiciones mentales, anímicas y físicas para responder a esa exigencia.

Vivió la limpieza de su organismo a través de erupciones que le permitieron liberar lo tóxico e inútil a nivel físico, anímico y mental.

Una zaina de 6 años que nunca se enoja pero corre para todo

Era descrita como ansiosa, atropellada, hipersensible e insegura, una yegua a la que había que indicarle todo. Si no resolvía todo corriendo y, cuando no podía resolver, se anulaba. Inteligente, muy fuerte, podía correr hasta morir. Para saltar se arrebataba y era difícil de calmar, se ponía excitable y muy asustadiza. Suelta, en el potrero, era tranquila pero también se asustaba, y una vez que cayó un globo casi se mató del susto y se llevó por delante el cerco del corral. Nunca había sido agredida, siempre estuvo sana. Cuando la madre estaba preñada de ella estuvo mal. Pero era ágil como un gato cuando la montaban. Había tenido epifisitis en los carpos.

Me hizo pensar el hecho de que cuando era guiada confiaba, y ahí aparecían sus habilidades. Necesitaba guía, apoyo y seguridad, como una niña que se agarra del vestido de su madre. Este modo de mostrarse tan asustadiza e insegura me llevó a la *Baryta Carbonica* por los trastornos por anticipación, sus arrebatos e impetuosidad. También por la debilidad de sus articulaciones, la periostitis, la condritis. Tuve la sensación de que la humana quería que siguiera siendo potranca, porque su descripción era una proyección de su inconsciente, como un deseo oculto de tener a alguien muy necesitado a quien indicarle todo y al mismo tiempo crearle dependencia. Evolucionó bien con la *Baryta Carbonica,* que la reguló en todos los planos.

Icaso, un caballo desesperado de 9 años que estaba de paso

En esos años conocí a Icaso. Se le veía golpeando la cabeza dentro del box y en el exterior se llevaba las cosas por delante. Probablemente había sido destetado muy temprano y pudo haberle faltado la vida en grupo, en la cual aprenden a manejarse corporalmente. Estaba tan tenso que su abdomen estaba totalmente retraído. Tan desesperado se encontraba que intentaba subirse a la pared. Cuando saltaba, lo hacía hacia arriba sin elongarse. Obviamente, con ese nivel de desequilibrio no podía concentrarse en el trabajo. Y, aunque estaba castrado, montaba a las yeguas, lo que a la vez mostraba la fuerza del instinto.

Era distinto cuando lo montaban, donde se desenvolvía voluntarioso.

Hacer actividades que involucren el cuerpo y la mente, el aprendizaje y el contacto, estimula a muchos caballos.

Cuando llegó al lugar donde lo conocí bajó del camión sudado, con espuma, asustadísimo.

El hecho de golpearse, la falta de delicadeza con su propio cuerpo expresada en torpeza, la falta de concentración y la irritación nerviosa me llevaron a una sal, la *Magnesia Carbonica*. Me había llamado la atención su energía desordenada y disminuida. Mientras le daba los glóbulos hice una técnica manual con movimientos circulares para relajarlo y reubicar la energía, integrar cuerpo y mente, y sobre todo contacto. Al día siguiente amaneció mejor, aunque seguía chocándose, pero siguió evolucionando cada día, hasta que dejó de chocarse y se concentraba cada vez más sin miedo cuando trabajaba. Estaba más sólido y se lo llevaron mejor de lo que lo trajeron.

Azteca y una yegua azabache

Azteca fue otro caballo que también llegó muy golpeado por el viaje en camión, con una fractura del hueso cigomático del ojo derecho y una úlcera en el izquierdo.

El golpe en la cabeza me recordó al *Natrum Sulphuricum*, que lo mejoró tanto que en el potrero corría y corcoveaba, incluso había roto las tablas de la energía que tenía. Me funcionó la intuición y el resultado de leer los medicamentos.

Los medicamentos homeopáticos se expresan. La homeopatía es una guía para entender cómo habla el paciente y con qué medicamento se espeja.

De una yegua azabache a la que conocí haciéndole una terapia manual anoté: «Región lumbar un poco contraída, vejigas pequeñas en los nudos de los miembros posteriores. Le costaba estar atada. Muy inteligente, por su manera de mirar, de tomar la información, de responder a lo que recibía a través de mis manos».

El relato de su humana fue: «Se resiente y es capaz de matar o suicidarse. Es creativa, talentosa. Recuerda a quienes la ofendieron, llegó muy flaca y descolorida. Tiene mucha fuerza. Al principio hace muchas cosas, se descontrola. Sensible a los reproches».

Más allá de que la mujer hablara de sí misma había alguna coincidencia con su yegua. Su hipersensibilidad y la sensación profunda de haber sido ofendida me llevaron a conectar con la *Staphysagria,* de la familia de las ranunculáceas, que la ayudó a superar las dificultades que mostraba. Su pelaje se puso brillante, andaba muy bien; de hecho, los nudos de sus pies se fueron deshinchando. Aunque al principio del trabajo estaba como desorganizada y no podía fijar la atención, sola fue encontrando el foco.

Estaba trabajando con el lomo elongado, el cuello bien formado y la nuca colocada.

La propietaria del lugar comentó que: «Siento que la yegua maneja mejor su energía, que el remedio la tocó profundamente y está hermosa».

Pude atenderla un par de años. Un invierno en que tuvo tos fue medicada con antibióticos y su sustancia espejo, la *Staphysagria,* la mejoró rápidamente. Al tiempo se depuró con granos en el lomo, que luego se transformaron en costras que se fueron desprendiendo.

Casul, un caballo «Háceme upa»

Casul era un caballo zaino colorado, purasangre de carrera de seis años y medio muy mansito. Llegó muy asustado y se le veía indefenso, sin temperamento para defenderse. Como mucho cuando no sabía cómo hacer, de lejos manoteaba. En el barrio hubieran dicho que era una monada. Tenía bonitos remolinos a ambos lados del cuello.

En la manga trabajaba muy bien, se portaba muy bien cuando lo herraban. Ojalá no se portara tan bien… pensaba yo mientras escribía su historial.

Estaba con dolor en la inserción medial del ligamento suspensorio de la mano derecha y muy desconectado en la región lumbar.

Tan asustado se encontraba que se hizo diarrea cuando vio un tráiler. ¿Qué recuerdos tendría?

Al contacto sentí lo blandito que era y ahí me vino: «Háceme upa». Le hice un protocolo de adaptación con *Arnica* e *Ignatia,* que son amistosos para el destete, los viajes, las adaptaciones a nuevos lugares. Empezó a mejorar cuando tomó *Silicea,* un medicamento que colabora mucho en la estructura cuando está debilitada. Se fue poniendo potente y a ello ayudó su amigo Califa.

La manada y los amigos curan.

Pepita, la enojosa vulnerable

Pepita era una yegua alazana de siete años que trepaba a las cosas, se chocaba contra las paredes, no quería que se comieran su comida. Estaba bien y repentinamente se empezó a comportar´de modo excitado.

Se aterró durante un temporal en el que se voló un techo. Parecía que tenía cólera reprimida, rebelde y a veces, cuando trabajaba en la manga, pateaba con las orejas pegadas a la nuca. No le gustaba que le agarrasen el pie derecho.

Aunque la mediqué seguía asustándose repentinamente; no podían vincularse con ella cuando estaba suelta y alejaba a los caballos. Me pregunté: ¿por qué? Estaba con enfermedad pulmonar tratada por una colega.

Continué anotando: «Se cansa, gime y se queja, se pelea con los otros caballos. Cuando pasa alguno cerca o al lado los patea. Pelea mal, los ataca como una fiera. No se hace amiga de nadie». Decían que estaba ensimismada, encerrada en sí misma.

Observé que cuando le pedían un movimiento se quejaba. Al mismo tiempo parecía vulnerable, como protegiéndose a sí misma, y de ahí el que no pudiera integrarse en el grupo y que necesitara estar a distancia. Y fui concluyendo que lo más importante para ella era cuidar su integridad, con las características de no poder tener amistades y tener un comportamiento cambiante.

Tomó *Arnica* por su vulnerabilidad y, como expresaba el miedo en el cuerpo, la dificultad de proximidad de otros, como una gran hipersensibilidad al contacto por su modo de defenderse, que denotaba vulnerabilidad, miedo e inseguridad. Al día siguiente se mostró mejor y durante un tiempo estuvo con gases, que fue uno de los modos en que consiguió limpiar su organismo. Siguió mejorando lentamente.

Unos sementales lusitanos

A un semental necesitado de comunicación de 6 años, que se desequilibró cuando cogió frío en un viaje de Portugal a Francia, no lograron curarlo, pues se agitaba mucho por un enfisema. Era muy inteligente, captaba todo, montado era espectacular, juguetón, voluntarioso, quería aprender. Según el propietario del lugar era capaz de matar, pero cuando lo dijo sentí una vibración de que estaba hablando de sí mismo y no del semental.

El caballo estaba muy medicado y cansado de tantas inyecciones.

Durante el trabajo corporal le sentí peligroso, algo raro para mí, que casi nunca experimento peligro cerca de un caballo. Entendí de dónde venía el peligro cuando conocí mejor el contexto.

Tenía escoliosis, que dificultaba la inervación abdominal y bloqueaba las funciones abdominal y respiratoria. De noche, con el calor y la humedad empeoraba. Volví a verlo unas semanas después y me empezó a sonar otra canción relacionada con su fogosidad. Era tal que se tiró al suelo cuando le tuvieron que sacar una piedra del casco.

Logré trabajar con él en un potrero. Y lo hizo muy bien, aunque le costaba flexionar a la derecha. Ahí tuve otra perspectiva. Fue muy compañero, me sentí segura, le vi fuerte y no peligroso. Necesitaba conocer dónde estaba; olía con frecuencia todo lo que podía. Lo volví a estudiar desde esa experiencia y apareció el *Antimonium Arsenicosum*, que receté con dosis masivas de Vitamina C y *Lisado* de pulmón. Esta sal de antimonio es muy útil cuando hay enfisema con excesiva tos.

Le volví a aplicar terapia, y esta vez fue más fácil, colaboró más, pero vi que cuando lo montaron y le exigieron se estresó porque no pudo responder a esa exigencia. Pateó el suelo, empezó con gases, tuvo un dolor espasmódico, repentinamente se quedó sin energía, rascándose la cola como por parásitos. Me impactó cómo se quedó, casi colapsado, y luego con un dolor espasmódico tipo cólico que mejoró cuando recibió *Nux Vomica*.

Desde hacía mucho tiempo estaba diciendo que le dejaran tranquilo, que no le correspondía a él representar las expectativas del reino de la no escucha.

La *Nux Vomica* también ayudó a curar el enfisema, por influir en la hipersensibilidad del semental, en su sufrimiento ante la rudeza que se respiraba en ese lugar. Y lo ayudó a liberarse de los gases obstruidos. Estaba todo tapado y allí no había ni espacio ni consciencia de la necesidad de depuración que ese semental necesitaba.

Hay tanta confusión en algunos espacios, principalmente cuando creen que hacen algo parecido al manejo natural y en realidad siguen tratando a los caballos como presos, sin coherencia entre lo que verbalizan y lo que realmente hacen. Este era uno de esos espacios de confusión.

Un semental negro que se fracturaba con frecuencia

Lo atendí por una fractura en el tarso derecho. Estaba tan desesperado por falta de interacciones que agarró a mi perrita de la piel y la sacudió. Finalmente la soltó pero fue un susto grande. Parecía un león. Lo mediqué con *Lac Leoninum* para la energía vital y un complejo de *Symphitum* y *Calcarea Phosphorica*, que cierra las fracturas de modo impresionante.

Le gustaba la fricción en el remolino del lado derecho del cuello. Observé esto en varios caballos; intuí que ahí debía haber información. A las 3 semanas mejoró el tarso, pero observé que enrollaba la lengua como si fuera una serpiente; probablemente necesitara un odontólogo. Siguió mejorando. Lo habían llevado a otro potrero, pero estaba demasiado inquieto, no paraba de moverse, lo que me recordó el *Metallum Album,* que lo ayudó bastante. Dejó de enrollar la lengua y llegó a apoyar mejor la pata lastimada. Iba mejorando pero se cayó en una zanja y volvió a quebrarse.

¿Qué ocurría ahí para que ese semental tuviera tantas fracturas? Mi ser esencial me fue indicando que era mejor salir de ese ambiente.

Caballos peruanos

Atendí a un caballo muy inteligente que requería estímulos para desarrollar su capacidad, su potencial, que necesitaba sorpresas, como los niños que se aburren en la escuela.

Cada caballo tiene su propia personalidad y por lo tanto constituye un desafío para todo entrenador.

Este era un caballo que si fuera un adolescente inteligente e inquieto armaría lío en clase. Entonces, ¡a ser creativos!

Con cualquier caballo, cuando se trabaja con su mente para reeducarlo o enseñarle cosas nuevas, es necesario crear una atmósfera, un ambiente de enseñanza: calmo, tranquilo y, en lo posible, silencioso.

Lo apoyé con *Causticum,* porque es funcional para animales traviesos, creativos, ligeros, dispersos pero muy inteligentes. Cuando funciona a nivel anímico hace que el animal se enfoque y esté más concentrado. Y así fue, según me comentaron unos meses después.

Estas vivencias fueron recorridos de mucha práctica y aprendizaje. Cada medicamento me da luz para entender los sentimientos de los caballos y darles la palabra. Somos hermanos viviendo en el mismo planeta.

Y Nasrudín nos ilumina una vez más en este aspecto:

Todos los maestros dicen que el tesoro espiritual es un descubrimiento solitario. Entonces, ¿por qué estamos juntos? –le preguntó uno de los discípulos.

–Ustedes están juntos porque un bosque siempre es más fuerte que un árbol solitario –respondió Nasrudín–: el bosque mantiene la humedad del aire, resiste mejor a un huracán, ayuda a que el suelo sea fértil.

–Pero lo que hace fuerte a un árbol es la raíz. Y la raíz de una planta no puede ayudar a otra planta a crecer –dijo el discípulo.

–Estar juntos en un mismo propósito es dejar que cada uno crezca a su manera; este es el camino de los que desean comulgar con Dios.

Gestos, expresiones, sociales, individuales. Fotografía: Mariana Ciancaglini.

CAPÍTULO 3

Andar con caballos
Indio, Duna, Tramojo, Tornado, Morito

Buscad un hombre simple, un hombre sensato que ponga conciencia en sus estudios y sus enseñanzas, que sepa responder con claridad y precisión a todas las cuestiones de su competencia, que no pronuncie jamás cuando no venga al caso y sin ser interrogado; un hombre, en fin, que no permanezca extraño a nada de lo que concierne esencialmente a la humanidad. Pero elegid de preferencia a un médico que no muestre jamás brusquedad; que nunca se irrite salvo a la vista de la injusticia; que no sienta desprecio por nadie más que por los aduladores; que tenga pocos amigos, pero que tenga por amigos a hombres de corazón; que deje a aquellos que sufren la libertad de quejarse; que no emita jamás una opinión sin haber reflexionado mucho; que prescriba pocos medicamentos, lo más frecuentemente posible uno solo y esencial; que se mantenga modestamente aparte, lejos del ruido de la multitud; que no calle el mérito de sus colega, y no haga para nada su propio elogio; en fin, un amigo del orden, de la tranquilidad, un hombre de amor y de caridad. (...) Una palabra todavía: antes de elegirlo, observad bien cómo se comporta con los enfermos pobres, y si, en su consultorio, cuando está solo, se ocupa de trabajos serios. HAHNEMANN, 1795

Jadrift y Jagger, andando juntos. Fotografía: archivo personal de la autora.

Este andar tiene que ver con la dinámica, los cambios y la búsqueda.

Indio, el alazán asustadizo

Indio era un hermoso alazán que vivía muy asustado. Era un caballito de salto, mestizo de criollo, de 10 años, a quien tuve el gusto de atender entre 2006 y 2008 en un club de Pato. Fue un aprendizaje intensivo por sus circunstancias y contexto en general.

Estos son los temas que me llamaron la atención cuando lo conocí:
- Era desconfiado, y con razón.
- Tenía miedo en medio de la multitud y del acercamiento de desconocidos.
- Se sentía a disgusto cuando había gente extraña.
- Se irritaba por el contacto y prefería una presión más firme sin apretarlo.
- La manta de lona le hacía transpirar y la pateaba.
- Tenía tanta tensión que su lomo parecí una tabla, sobre todo del lado izquierdo.
- Tenía el cuello y la espalda muy tensos.
- Sentía aversión por los dulces.
- Tenía inflamación alrededor de los ojos.

Había sido tratado con tanta rudeza que incluso tenía miedo cuando le ponían el pasto en el box, que sin ser enorme era abierto y podía ver a sus compañeros (no era el peor de los boxes). No le gustaba cuando entraban personas, y menos si eran poco cuidadosas en lo que respecta a sus movimientos.

Un detalle que captó mi atención fue que cuando había estado de vacaciones en el campo eligió a un potrillo, a quien cuidaba, y no se relacionó con los otros caballos.

La homeopatía tiene la gracia de ofrecer a través de distintas sustancias la posibilidad de darle palabra al paciente y que esa palabra sea entendida por algún medicamento.

Le receté *Ignatia* junto con terapia corporal, cambio de manejo diario y mucha comprensión.

Experimentó un cambio en las dos primeras semanas, en que estuvo más calmado. Comía más tranquilo, aunque en la primera consulta no tomé como síntoma el apuro por comer. Y cuando lo atendí por segunda vez recibió mejor la terapia corporal, sin amenazar con morderme como había hecho la primera vez.

Comentaban que cuando lo montaba su amazona lanzaba patadas. Estaba molesto en el lomo y la había tirado. Obviamente surgió la pregunta de cómo lo montaban. Y ahí apareció el detalle de que había habido una crisis que hizo que dejaran de saltar con él y cambiaran de profesor. Aunque la adaptación costó, el cambio había sido positivo. La amazona empezó a montar más equilibrada y el caballo se fue sintiendo más cómodo con el nuevo entrenamiento.

Muchas veces he observado que, cuando las personas tienen un cambio de actitud durante el tratamiento de su caballo, todo el contexto cambia, llevando a una mejoría la mayor parte de las veces, como ocurrió en este caso.

Indio continuó siendo impredecible, algo lógico en ese sitio, que era bastante hostil. Ellos decían que salía corriendo sin causa aparente... Pero con los días fue ganando peso y belleza. Un día lo llevé fuera de los boxes, que eran muy feos, para trabajar lo más suelto posible en un corral redondo, donde al menos pudiera sentir menor presión de la que se respiraba en ese lugar.

Cuando entraba al predio, yo transpiraba por la tensión que me provocaba la hostilidad de los hombres que trabajaban allí.

Estando suelto pudo elongar el miembro posterior derecho, tras haberse movido a gusto, al modo caballo. Usé aceites esenciales durante la terapia y aumenté la potencia de la *Ignatia*. En unos minutos apareció un moco blanco cremoso en ambos ollares. En esos días le limaron los dientes. Aunque mejoraba, aún estaba inestable y cambiaba de estado en un segundo, aunque lo tratara bien.

Así fui conociendo sus estados variables y me pareció observar algo de irritabilidad alternando con cobardía. Comencé a tratarlo con *Arnica*, que tiene aversión al contacto y sufre muchísimo los traumas.

Esas semanas mejoró, se calmó y el dolor en el lomo disminuyó, pero aún no le notaba estable en el interior. Muchas veces algún dato puede aparecer inesperadamente. Y así fue. Durante una sesión el peón comentó que su sensación era que Indio estaba esperando que algo malo ocurriera (muy lógico en un caballo maltratado y, para el homeópata, muy a tener en cuenta). Este dato me llevó a *Gelsemium*, un medicamento de origen vegetal conocido en la homeopatía clásica por su característica de mal centinela, como si esperara que algo malo ocurriera.

Al mes de esta prescripción, el miedo había disminuido mucho, pero igualmente se inquietaba cuando lo montaban. Y según algunos, no quería ser molestado. Esto es algo que dice mucho la gente que rodea a los caballos.

Me parece que el caballo, tan presionado en los clubes, en los hipódromos, debe sentirse perdido, sin saber qué está haciendo ahí. Los más sensibles o que han sido maltratados se cierran, no quieren que los presionen, que los molesten. Necesitan ser escuchados.

Mes a mes su mirada fue serenándose, se fue poniendo robusto, mejoró mucho en el trabajo. Le vi contento, fluido, tranquilo y dejó de corcovear.

Durante una sesión, anoté en su ficha: «¡Está aprendiendo a prestar atención sin aterrarse! Un muy buen signo. La gente del lugar coincide en su apreciación de que está espectacular».

Lo volví a ver después de que hubiera descansado en el campo y ese día me enteré de lo bien que había saltado en los Nacionales de su categoría y que había ganado. Volvió tranquilo de las vacaciones, un poco delgado pero se le veía bien. Hubo un cambio de peón que no fue beneficioso; sugerí que lo cuidara el anterior, con quien sí se entendía.

Durante la terapia corporal se conectaba; estaba atento y presente. Cada vez se irritaba menos con el contacto, estaba más receptivo. A pesar de su sensibilidad la sensación de cosquillas pasaba rápido y se entregaba nuevamente. Emanaba seguridad y el dolor en el lomo y el sacro izquierdo había disminuido mucho.

A los dos meses de esta visita estaba con tos fuerte. Las vacunaciones excesivas y las ideas de prevención mecánicas deprimen los sistemas inmunitarios. Le receté *Gelsemium* tres días. Y mejoró. A la auscultación encontré que el pulmón izquierdo estaba un poco cargado y tenía dolor en la tercera vértebra cervical. Había concursado en esos días y lo volvieron a vacunar, aun cuando está contraindicado vacunar durante un proceso de tos y expectoración, porque empeora la tendencia a la enfermedad. Repetí *Gelsemium*.

Como era de esperar, al haber sido vacunado cuando no estaba en condiciones, en invierno reapareció un trastorno de tos más profundo, sobre todo a la noche y cuando trabajaba. Se suponía que las vacunas deberían haberlo prevenido. Si bien la viruta de la cama no colabora a una buena salud pulmonar, la causa estaba bien a la vista. Estaba peor del lado derecho, con moco blancuzco del lado izquierdo y peladuras en el miembro posterior izquierdo.

Y volví a la pregunta básica: «¿Qué hay que curarle a Indio?». Porque, a pesar de que había mejorado, seguía hipersensible e irritable. ¿Realmente estaba esperando que sucediera algo malo? ¿O, por ser inteligente y sensible, su estructura era poco adaptable a esa vida artificial, que lo llenaba de frustración?

Así fue que llegué al *Hepar Sulphur* y sentí alegría porque intuí que era un buen medicamento para él. Ese día durante la terapia corporal entregó la cabeza y la nuca. Pude trabajar en su boca y ollares.

A veces, cuando aparece el remedio más similar empieza una mejoría por el contacto energético con la sustancia.

Tomó *Hepar sulphur* y dejé glóbulos de reserva. A la siguiente visita, un mes después, estaba muy bonito, saltando muy bien. Bien musculado. Sin tos. Con buena expresión en la cara. El pelaje hermoso. Los nudos estaban un poco cargados, pero la piel del miembro posterior izquierdo mejor. Al mes y medio seguía mejorando, pero reapareció la tos con moco verdoso.

Su mirada era serena a pesar de la tos, estaba con menos tensión. Ganó varios concursos, entre ellos la copa de su región y el Nacional, pero de esto me enteré por otro medio.

Como es común entre los hombres, olvidaron que estábamos en un proceso y que el caballo estaba atravesando un cambio profundo, y tras un entrenamiento lo bañaron con agua fría, con lo sensible que era, y tuvo un cólico. Lo habían saltado el fin de semana sin haberlo entrenado para el concurso. Fue un cólico muy doloroso; se revolcaba, no tenía sonido intestinal, estaba todo detenido. Tomó *Nux Vomica 30* y a las dos horas defecó. Salió adelante y... no volví a saber de él.

Andando con Duna

Duna era una alazana de 7 años cuando la conocí. Sufría de una parálisis del nervio facial derecho, por lo que tenía el labio y el ollar derechos caídos y la cabeza torcida, y tragaba aire. Aparentemente se había quedado trabada al revolcarse en uno de esos boxes pequeños en los que los caballos no pueden rolar y Duna era muy grande.

Pobrecitos, muchos animales terminan encogidos, se agarrotan durmiendo porque se giran y las manos y las patas se les quedan enganchadas en las paredes, y para salir de esa posición tienen que hacer un gran esfuerzo en el que la mayor de las veces se lastiman y asustan.

Empezó el tratamiento con *Arnica* para disminuir la inflamación que tenía en la cabeza y otras partes del cuerpo. Luego tomó *Phosphorus* como medicamento estructural, que la mejoró mucho. Ella gustó rápidamente del contacto a través de terapia corporal y se disponía a recibirlo gratamente durante las sesiones.

Sin embargo, cuando la volvieron a saltar reapareció el labio inferior derecho caído y el tragar aire. Creo que los caballos que tragan aire tienen acidez o úlceras y tragar aire les da sensación de frescura. Además, tienen necesidad de estirar el cuello. Estas observaciones que compartimos algunos colegas son un intento de entender mejor estos signos.

Duna volvió a tomar *Phosphorus,* que la mejoró nuevamente, pero reaparecía la parálisis del labio inferior. Empeoraba claramente por el cambio de tiempo, sobre todo de calor o templado a frío. Decidí medicarla con *Carbo Vegetabilis*, un medicamento que actúa muy bien en el plano digestivo con la particularidad de empeorar por cambio de tiempo. Volvió a mejorar, se estilizó, tragaba menos aire. Esto, que empeoraba mientras comía, dejó de hacerlo durante ese período.

Cuando podían la soltaban en un potrero, donde retozaba sin tropezar, lo que también se debía a que iba mejorando con el tratamiento, pues antes era común que trastabillara.

Observo que tropiezan más los caballos herrados que los descalzos, recortados con conocimiento del casco funcional.

El proceso tuvo momentos de mejoría notables. La saltaban 1,10 m con buenos resultados. Comentaban que corcoveaba más o menos según la alegría o molestia que sintiera. Un jinete la exigió y reaparecieron algunos síntomas, y este hecho me hizo pensar en el *Colocynthis,* por el modo en que presentó su malestar, pues parecía mortificada y obstruida. El *Colocynthis* tiene la particularidad de mortificarse, se ofende. Llegó a mejorar hasta estar casi sin tragar aire. Como parte de su depuración tuvo granos, buen signo de exoneración debajo de la montura y la cincha. Estaba centrada, tranquila, incluso en presencia de su humana, que en general le producía alteración pues le llevaba zanahorias y la yegua asociaba su llegada con estas.

A un caballo estabulado le produce una reacción de ansiedad y excitación la llegada de la zanahoria, algo que poco tiene que ver con la vida de los caballos salvajes o que viven de manera más natural, en la cual la comida está en el suelo. Mucha gente que quiere a sus caballos, sin saberlo, les crea un condicionamiento que influye tanto en su sistema digestivo y tendinoso como en el anímico y psicológico. Las zanahorias se pueden cortar y dejar en el comedero o en el suelo del potrero.

El mejor acto de amor es soltar al caballo el mayor tiempo posible.

En aquel momento los granos fueron un síntoma de agravación homeopática porque la yegua estaba en calma, no tragaba aire, estaba centrada. A los meses apareció este proceso:

- Tragaba aire.
- Mordía la pared.
- Algunos días tenía la cabeza torcida, como si tuviera tortícolis.
- Granos debajo de la montura y zona de la cincha.

Yo intuía que en ese lugar había mucha negatividad, y sobre todo cuando los allegados de los caballos aparecían por allí.

Seguimos con *Colocynthis*. Anduvo muy bien y luego se volvió a trabar en el box cuando necesitaba revolcarse. Me enteré de que el jinete que le había exigido la había pegado. Claro que reaparecieron los síntomas. Duna, que era muy buena y dócil, se enojó con él y corcoveó, por fin. Era lo correcto ante ese maltrato. Eran días nubosos, pues además apareció golpeada en la pata derecha. Y no fueron muy claros cuando pregunté qué había ocurrido. Se contentaban con la mejoría que aparecía después de la consulta, pero luego volvían a la mecanicidad.

Hubo que empezar nuevamente. Esta vez costó tiempo mejorarla. El pelaje se le puso opaco e hirsuto.

En aquel momento tuvo hongos por humedad en la tuberosidad coxal derecha y secreción ocular izquierda.

Mejoraba y empeoraba ante la falta de acompañamiento en un ambiente con poco o nada de estímulo a la inteligencia y sensibilidad equina, tanto en lo motor como en lo anímico y mental. Esto es lo que en homeopatía se llama resistencia a la curación.

Pudimos definir mejor el diagnóstico al hacer una radiografía en la que se encontró una fractura en la nuca, lo que me confirmó que a la yegua la habían maltratado mucho y que durante ese período en el que la atendí probablemente mentían sobre lo que acontecía.

La mediqué con *Calcarea Carbonica,* que la mejoró nuevamente, hasta tal punto que dejó de tragar aire. Le hacían muy bien el calor y la energía con las manos quietas en distintas partes de su cuerpo y rolar la piel sobre las costillas.

Duna mejoró mucho, pero no podíamos avanzar por el ambiente, que presentaba mucha resistencia a la curación y al proceso de sanación. Mi límite fue el momento en que decidieron preñarla, una yegua que vivía en box con poca o ninguna de posibilidad de vida natural en grupo con otras yeguas y crías. El egoísmo de querer tener un potrillo que iba a nacer en un lugar pequeño, sin compañía y sin manada. Por supuesto, aconsejé que no lo hicieran, y al no tener un intercambio real y honesto con la responsable de Duna, el vínculo que teníamos llegó hasta ese momento.

El proceso terapéutico necesita de ciertos factores y detalles, como el que los responsables del animal puedan formar parte de ese proceso de sanación, pues cada animal que necesita re-equilibrarse pertenece a un sistema familiar que está resonando y el caballo o yegua resuenan con ese sistema.

Cada persona tiene el caballo o yegua que espeja en algún lugar un aspecto interior a trabajar. Cada día hay más gente dispuesta a esa transformación.

El caso de Duna es muy claro para observar un contexto rígido e inflexible, con poco acompañamiento y poca o ninguna participación.

Pero hay experiencias positivas, como la de un criollo muy corpulento, llamado Cruz Diablo Tramojo. Es útil para ilustrar cómo, cuando hay disponibilidad por parte del contexto humano cercano al caballo, hay grandes posibilidades de mejoría.

Curso con potrillos y allegados. Fotografía: Mariana Ciancaglini.

Cruz Diablo Tramojo

Este hermoso caballo criollo, zaino colorado, tenía un quiste antiguo en la oreja derecha que supuraba, secaba, supuraba, secaba. Lo habían tratado varias veces e incluso le habían cortado el quiste sin mejorarlo. Comentaron que era muy difícil de agarrar y que se asustaba muy fácilmente al pasar por puentes, al ver colores fuertes o atravesar charcos. También cuando se lo montaba y desmontaba se asustaba en el momento de levantar la rienda. Era evidente que había un tema de doma ruda porque los sustos demostraron que no le habían permitido pasar por los procesos básicos de aprendizaje.

Los caballos son cognitivos. Son excelentes para discriminar lo positivo de lo negativo, así como para percibir. Por lo tanto, una buena enseñanza, que tiene en cuenta este aspecto sutil del caballo, sabe dar el espacio adecuado para que el animal entienda, registre y guarde en su memoria lo aprendido.

En la revisión encontré la cruz sensible, una región delicada, pues está formada por las apófisis espinosas de las primeras vértebras torácicas, que son altas y finas, por lo que pueden fisurarse con un trato poco cuidadoso.

Es tan delicada esta región que un recado mal puesto o muy pesado, o un jinete o amazona que suben golpeando la región pueden afectarla muchísimo, provocando reacciones de miedo u otras manifestaciones inesperadas por parte del animal, que podrían ser catalogadas de problemas de conducta cuando en realidad son conductas de aviso de que algo está doliendo.

El relato de Juan, su compañero humano, fue: «Es un caballo muy potente. Durante las cabalgatas va trotando y no se cansa, ni siquiera cuando duran 8 a 9 horas, y es dócil, de boca blanda».

Tramojo. Criollo zaino colorado. Cruz notable. Foto: Juan Ortiz.

Con Tramojo trabajé sus temores en un corral redondo en el cual me acercaba y alejaba con la intención de crear un vínculo, de tal manera que finalmente se quedó cerca de mí y ahí le hice terapia corporal con algunas técnicas orientadas a la relajación, para conducirlo a un tono vagal y que pudiera comenzar un proceso de aprendizaje.

En ese estado pude presentarle objetos que hubieran podido crearle algún tipo de conflicto, hasta que iba entendiendo que no lo iban a lastimar. Solo necesitaba que le dieran tiempo para tomar la información, registrarla e incorporarla. Fue muy agradable trabajar con Tramojo, por lo suave que era y sus ganas de entender lo que se le pedía. Lo acompañé con *Hepar Sulphur,* medicamento que ayuda a completar los procesos supurativos. Sin embargo no fue este el medicamento apropiado para él, pues unos meses después supe que, si bien estaba mucho mejor de ánimo, su oreja seguía supurando. Al haber trabajado con él tenía un recuerdo de su docilidad y meticulosidad para responder con precisión, lo cual me llevó a prescribir otro medicamento. Esta vez indiqué *Silicea* por su modo de ser, y también porque *Silicea* es otro de los medicamentos indicados en procesos de supuración.

Cada vez que conversábamos sobre Tramojo, su amigo humano me comentó lo bien que había respondido. Estuvo el día que trabajamos con el caballo y se involucró también afectivamente en su sanación. Puso de sí.

Observo una gran diferencia entre las personas que ponen algo de sí cuando tratan a sus animales de las que se mantienen lejos, o no se involucran, o no cambian sus creencias o se frustran y abandonan el proceso.

Tornado

Este es uno de esos casos que los veterinarios deseamos atender más tiempo. Me consultaron por un caballo zaino negro tapado, precioso, de 10 años, al que nadie podía acercársele porque mordía. No le podían saltar porque no sabían cómo manejarse con él. Aparentemente había quedado afectado después de un viaje traumático y a partir de ese momento ya no pudieron comunicarse con él.

Al acercarme observé que era un caballo temperamental, que se encontraba en un estado considerable de estrés. Desafortunadamente alguien le había pegado con una pala para resolver la dificultad. Un caballo fogoso; imagínense ese espíritu tratado así.

Mientras hacía contacto con él a través de puntos del meridiano de vejiga, que funciona muy bien regulando al animal, fue surgiendo en mi mente la *Nux Vomica* por su gran sensibilidad a las injusticias, su gran sensibilidad en general, su temperamento fuerte, afectuoso, y los sufrimientos de tensión corporal y espasmos. Era un caballo que claramente expresaba que necesitaba que se le tratase justamente. No toleraba el maltrato.

A los dos o tres días de tomar *Nux Vomica* y recibir un trato adecuado a su modo de ser, su amigo humano me manifestó asombrado que había podido ponerle el bozal y cabestrearlo sin tener que pedir ayuda.

Es una historia corta pero también útil para comprender nuestro camino con los caballos.

A veces nuestra colaboración es puntual y, aunque no sigamos en contacto con el animal, igualmente se produce algo positivo que nosotros no manejamos.

No supe de él por muchos años, hasta que un día me encontré en la calle con la persona que me había llamado para atenderlo. Ahí me enteré de que lo montaba una chica que lo quería mucho y lo llevaba muy bien.

Morito de Mina Clavero

Supe de Morito gracias a una amiga que vive en Mina Clavero, Córdoba (Argentina), quien me contó del accidente que habían padecido él y su humano. Las cosas fueron así: Morito tiraba de un carro cuando se cruzaron con un camión. Morito se aterró, salió corriendo con el carro y su humano, y se produjo un accidente grave. Esto fue la causa de que muchas personas recomendaran a su dueño que debía eutanasiarlo. Al mismo tiempo, otras personas –entre las cuales estaba mi amiga– le aconsejaron que intentara otro camino para recuperar a Morito y que este pudiera superar su pánico. Su humano lo quería y optó por lo segundo. Así fue que, en un viaje a Mina Clavero, lo conocí y trabajé junto con mi amiga en la rehabilitación de este hermoso percherón tordillo.

A muchos caballos el sonido de los medicamentos en forma de espray los asusta mucho. Para ayudarlo a superar el terror al camión decidimos imitar un sonido de ese tipo pero menos fuerte, y así surgió la idea de trabajar con un espray para acostumbrarlo poco a poco a sonidos que pudieran resultarle aterradores.

El primer día trabajé el contacto, la confianza, el sonido del spray y al final lo soltamos en un potrero con un grupito de caballos del lugar. Al día siguiente, cuando fui a buscarlo empezó a caminar en dirección al grupito. Lo seguí a una distancia en la que no me tuviera miedo, sincronizándome con su caminata, hasta que me fui acercando, le puse un bozal y nos fuimos a la segunda sesión.

Morito en su espacio de recuperación, Córdoba, Argentina. Fotografías: Regina Bianchi.

Durante los días que trabajé con él vivió en ese lugar, de modo que se sintió a gusto y en grupo. Desde que empezamos la rehabilitación Morito tomó *Gelsemium* y *Flores de Bach*.

Cuando me fui de Mina Clavero, el trabajo de rehabilitación lo continuó mi amiga. Esta es la carta que me envió de sus vivencias con ese caballo.:

«Trabajo con Morito escasos minutos hasta que él masca y lo dejo. Ya pasó la prueba del espray que le hice con un envase de limpiacristales y finalmente entendió que era inofensivo y lo pude rociar por todos lados, incluso la cara. Luego se me ocurrió usar un inflador de pelotas que hace un sonido de aire bastante fuerte y empecé a mostrárselo desde lejos. Si bien se asustó, su reacción fue notablemente más calmada que otras veces, seguramente porque ya confía en mí. Hoy a la tarde probé con el aerosol plateado –un espray antimoscas, y cuál sería mi asombro cuando al tercer soplido del espray se acercó a olerlo. Continué un rato a una distancia prudente y cuando mascó lo dejé. Mañana sigo. Creo que vamos bien. Pienso que mañana estaremos en condiciones de planificar un primer encuentro con el camión. Cuando trabajo con él le dejo la soga sin nudo, pues así evito tirones, pero él se queda».

Otro día me escribió:

«Hoy un amigo me prestó un compresor que pienso puede ser el último recurso con soplido de aire antes de enfrentarse al camión. Esta vez había sentido que podía exigirle más y trabajé más tiempo. El soplido es muy fuerte y, si bien se puso un poco nervioso al principio, creo que ya tiene claro que no voy a hacerle ningún daño y que puede confiar en mí. Pude echarle el aire muy cerca del cuerpo y hoy a la tarde voy a seguir probando».

Morito se rehabilitó en gran medida gracias al trabajo diario que hizo mi amiga después de las sesiones de emergencia. Trabajamos todos con la idea de que Morito fuera perdiendo miedo a todo lo que le hiciera recordar el ruido de un camión.

Lo último que supe fue que se le veía por las calles de Mina Clavero con su carro y su amigo humano.

A veces preguntan por el tiempo de resolución de un trauma. Creo que no hay respuestas fijas a esta pregunta. Básicamente nuestro trabajo es un proceso. Un camino. Como dicen los budistas, el obstáculo es el camino.

También es un desapego, dejar de verlos o de tener noticias de cómo siguen. Un aprendizaje de dar y no esperar nada. Quedarme agradecida de haber podido acompañar.

Una yegua aparentemente joven con un también joven semental. Fotografía: Juan Canale.

CAPÍTULO 4

La tensión
Tonadilla, Emulán, Doña Pita, Dulcinea, Nahuel

«Lo más preciado que tenemos los médicos es nuestro arte, y luego el amor por nuestros pacientes, con la esperanza de ser una piedra de toque para ambos».

"Niebla" Grafito, 15 x 15 cm, 2024

Ilustración de Pancho Ramos.

En este capítulo quiero centrarme en casos de animales cuyo síntoma principal es la tensión y en cómo con cada caballo enfoqué el tema de la tensión desde distintos ángulos: desde los síntomas, desde los temas esenciales, desde los límites del contexto en que vivían, desde una interacción más amplia. Cada uno de ellos fue mejorando con distintos medicamentos, tácticas y técnicas, dado que el origen de la tensión obedecía a diferentes causas.

Según Omar Ali Shah, escritor y maestro sufí, en sus charlas sobre la terapia Granada afirma que la tensión contribuye al 85 % de los problemas del mundo, sociales, físicos o económicos. La tensión se está haciendo cada vez más presente en las actividades humanas, hasta el punto de dominar muchos de sus aspectos, desgraciadamente.

La tensión es un factor que también influye en nuestros amigos animales, pues, sin darnos cuenta, los contagiamos con nuestra confusión.

Si bien casi todos los equinos sufren tensión en un momento u otro, estos caballos con quienes andaremos tenían tanta, pero tanta tensión, que los agrupo aquí, en esta «manada», para que comprendamos el factor que tenían en común. Excepto a Caty, los atendí una sola vez.

Tonadilla

Tonadilla era una yegua árabe de 6 años, torda clara. Vivía en un box, salía todos los días al caminador, se la montaba de 3 a 5 veces por semana. Trabajaba en pista, alternando con cross –salto a campo traviesa, sobre vallas fijas– o paseo, una vez a la semana.

Era bastante tranquila. Me cuentan que, cuando era potra y estaba sin amansar, era todo un espectáculo cogerla para llevarla al box. Cuando la conocí solo se podía entrar en su espacio individual y vincularse con ella después de un rato largo, hasta que se decidía a ir con los humanos. Era chispeante. Su amazona sentía[5] que cuando la montaba confiaba en ella y podían ir juntas al fin del mundo. Estaban muy compenetradas y la yegua notaba cuando había dudas por parte de la amazona.

Pero cuando la montaban estaba incómoda en la boca. Salía muy tensa del box. Comentaba su amazona que era como si tuviera dificultades para avanzar. Como si le pinchara algo. Como ovulaba muy de seguido, podía tratarse de quistes ováricos, ya que esta situación puede causar gran tensión en la región lumbar, afectando a la biomecánica general. Notaban que estaba muy dolorida durante los estros, y se mostraba irritada e inquieta, con temblores en las extremidades posteriores y necesidad de apoyarse contra la pared.

Buscando el tema esencial, anoté estas observaciones:

- Dolor durante los celos
- Útero sensible
- Irritabilidad durante el celo
- Celos dolorosos
- Temblor durante el celo
- Debilidad durante el celo
- Apenas puede hablar y respirar
- Con deseos de acostarse
- Mejora apoyándose

Para una mujer es conocido el tema de los dolores durante la menstruación, razón por la cual podía comprender la irritabilidad, el dolor corporal, la sensación de frío y frialdad, a veces con miedo de no ser comprendida, que finalmente llevan a tensión.

Y estudiando estos temas llegué a la *Cimicifuga*, que se relaciona con esta situación y mejora los dolores de dorso y ovario, la hiperestesia, el lumbago, todo lo cual ocurre durante la menstruación, las mialgias y neuralgias, las afecciones de los ovarios, la irritación del ciático, la irritación espinal. Incluso mejora la sensación de pesadez en los posteriores, las molestias en el abdomen bajo, así como disminuyen el temblor y la sudoración exagerada.

Anduvo muy bien con la *Cimicifuga*; la rigidez y la tensión fueron bajando y poco a poco sus estros se fueron organizando mejor.

---

5   ¿Qué es una sensación? Así se la define: impresión que percibe un ser vivo cuando recibe estímulos. Puede ser olfativa, visual, táctil o de dolor. También se define como la percepción psíquica de un hecho.

Lamentablemente, al mejorar el tema por el cual consultaron abandonaron el tratamiento.

Aún falta conciencia de lo significativo que es continuar la prevención, sobre todo cuando un tratamiento está dando resultado.

Pues el hecho de que Tonadilla hubiera mejorado significó que pudimos mejorar una parte de su salud, pero probablemente algunos síntomas podrían reaparecer si el contexto seguía siendo el mismo. Es como una cebolla: vamos trabajando por capas. Estábamos en la primera capa. Y mi intención era llegar a la fuerza vital para que se equilibrara en todos los aspectos.

Hay tantas creencias en relación a las yeguas que una vez recibí este comentario, que me sorprendió mucho, de un cuidador de caballos de carrera: «No cuido yeguas porque dan demasiado trabajo». Tal vez necesitara terapia con Nasrudín.

Emulán, un criollo gateado de 14 años muy manso con tensión crónica

Comparto mis anotaciones: «Es manso, le puedo revisar bien, pero llama la atención su caminar tan duro, como con mucho miedo».

No pude obtener ningún otro dato de boca de los allegados humanos adultos ni del niño responsable del caballo.

En esos momentos un mundo interior de percepción es el que me guía para conocer mejor al caballo al que atiendo.

Indiqué arreglar la dentadura y una radiografía de la mano derecha. Le hice terapia corporal, con lo que pude sentir, escuchar, observar. Decidí prescribir *Hypericum* por la compresión a nivel de los discos intervertebrales que impedían una inervación normal a través de los nervios espinales torácicos y lumbares. Y por viejas lesiones que habían dejado sensaciones traumáticas.

Juntos a la par. Fotografía: Alejandro Gatti.

A los dos días de aquella consulta recibí un correo que decía: «Emulán caminó 20 minutos y se puso a corcovear. Tuve que soltarlo; fue indescriptible lo que corrió y tiró patadas al mismo tiempo que liberaba gases, levantaba la cola. Estaba súper feliz (así hablaban los chicos). Cuando le quise agarrar siguió corriendo feliz, libre, potente. Quiso pasar cerca de una mujer y había una soga; se detuvo derrapando».

A la semana de esto lo vacunaron contra el tétanos y la adenitis, algo que yo hubiera esperado a hacer. O hubiera vacunado de tétanos y pasado un tiempo contra la denitis, pues el organismo se estaba regulando y esa intervención podía haber causado el que diera varios pasos atrás.

Le limaron los dientes y la radiografía mostró que había tenido una infosura, que es una afección muy grave, en la tercera falange del miembro anterior derecho. Mientras lo atendí estuvo muy bien.

Conforme a mi criterio necesitaba un trabajo de socialización con otros caballos, pues a veces se mostraba un poco colérico con ellos sin razón aparente. Desgraciadamente no prestaron atención a este tema, que también formaba parte de la salud general de Emulán.

Doña Pita se quedaba agotada y envarada

Un caballo envarado se queda duro y no puede moverse, pues el envaramiento es un estado de agotamiento a nivel muscular por causas diferentes.

El músculo se inflama –se llama miositis– y destruye, generalmente tras un gran esfuerzo. Este síndrome está relacionado con desequilibrio químico, distensión muscular y ejercicio excesivo. El ejercicio intenso, el aumento de la temperatura corporal, influye negativamente en el metabolismo, sobre todo en la recaptación de calcio en el músculo. Cuando la necesidad energética es elevada, la energía proviene principalmente de la glucólisis, con formación de lactato. El exceso de lactatos lleva a fatiga muscular por acidosis intracelular, que trastorna la glucólisis, la actividad contráctil de las fibras musculares, la liberación y recaptación de calcio por el músculo.

Doña Pita, una zaina lista blanca, se quedó envarada tras un entrenamiento cuando la preparaban para una carrera, y según el entrenador, a veces se quedaba rígida durante o después del celo.

Relataron: «Es precisa y se enoja cuando le dan mal las señales o no entiende lo que le piden. Juguetona, vivaz, aprende rápido. Dicen que es virtuosa».

Es llamativo el uso de las palabras de los humanos cuando describen a sus allegados equinos. Puse atención en las palabras precisa, virtuosa, vivaz.

Me enfoqué en la rigidez y la tensión que mostraba, que se hacía más notable durante el estro, pero también antes y después del mismo.

La menstruación no es una enfermedad; es un proceso valioso en la vida de las hembras, que necesita ser escuchado y acompañado. Tampoco lo es la irritabilidad que puede acompañarla, pues los cambios hormonales necesitan espacio para hacer su trabajo. Por eso yo solo busco acompañar a las yeguas durante estos sucesos y propongo que las dejen tranquilas y con espacio para andar a su aire.

Llegué a ella porque estaba atendiendo a otros caballos y me preguntaron si podía hacer algo, así que mediqué a Doña Pita con un complejo de *Arnica* y *Rhus Tox* que, según me comentaron, le disminuyó la tensión en pocos días. *Rhus Tox* es un desinflamatorio excelente de las articulaciones.

Atravesando adversidades

A Dulcinea, una yegüita alazana de salto de cuatro años y medio, la mediqué mientras atendía a otros caballos del mismo sitio. Tenía una distensión del ligamento del tendón del músculo flexor profundo, a la altura de la mitad del metacarpo derecho. Recibió un tratamiento desinflamatorio con homeopatía y Flores de Bach, más otras medidas terapéuticas de fisioterapia, duchas y pastoreo y socialización.

En general no indico encerrar a los animales para que hagan reposo —excepto que se trate de una fractura— porque se vuelven locos y porque la mayoría sabe cuidarse.

Si hay atención y cuidados pueden estar vendados y sueltos haciendo medio reposo.

Tres años más tarde me llamaron para atenderla. Era una yegua temperamental, juguetona, un poquito abrupta, con ganas de morder. Vivía en un club; la cuidaban, la trataban bien, pero para ella no era suficiente. ¡Estaba muuuyyy tensa, como una tabla! Según me contaron, se enojaba cuando no lograba avanzar a gusto. Creo que la yegua no lograba avanzar porque su humano no lo permitía. Aunque yo no tenía claro quién se enojaba, si la yegua o el humano, me quedé con el síntoma de «enojo por sus errores», porque creo que resuena en el campo mórfico de ese grupo humano-equino y puede funcionar bien. No siempre es así, pero a veces sí.

Esos meses tomó *Staphysagria*, que la mejoraba; incluso su profesor de equitación lo notó. Le había prescripto *Staphysagria* por cómo mostraba su malestar, que era con enojo y al mismo tiempo vivacidad y precisión. Mi sensación fue que la yegua estaba, además de muy tensa, muy mortificada, porque quien la montaba no vibraba en la misma sintonía que ella, complicándole la vida.

Pero, como pasa comúnmente entre los hombres, a pesar de estar mejor, más blanda y tranquila, vivaz y juguetona, como tenía que saltar le dieron «por si acaso» un miorrelajante y un antiinflamatorio.

Cuando se medica sin conciencia se pueden ocasionar consecuencias negativas. Sobre todo en un animal que está en un proceso de sanación y conexión con su cuerpo de forma natural y armoniosa, porque así se lo bloquea, se le quita la sensación de bienestar y se lo droga, no solo impidiendo el proceso orgánico de restablecimiento del equilibrio, sino que, aún peor, agravando su tendencia a desarrollar dificultades orgánicas, músculo-esqueléticas y anímicas.

Por esto, al poco tiempo, y a pesar de haber respondido bien al tratamiento homeopático, volvió a quedarse rígida.

Estos casos en que algunas personas creen que pueden hacer clínica sin saber de patología, fisiología y farmacología son bastante comunes y están normalizados, de modo que cuando se muere un caballo por una inyección mal dada, al principio hay mucha queja, pero luego se normaliza sin reflexión.

Los homeópatas somos primero alópatas, porque cursamos la carrera en la Universidad. Sabemos cómo funcionan los medicamentos alopáticos y podemos, en algunas situaciones, usar lo mejor de ambas medicinas. Por todo ello, medicar sin saber constituye una falta de conciencia grave.

Por estas razones he dejado de atender a algunos caballos, sobre todo en ciertos hipódromos o establecimientos ecuestres donde lo prioritario es ganar, a pesar de que el animal sufra o muestre conductas alteradas producidas por este tipo de abuso; cualquier medicamento que se use sin conciencia ni conocimiento, no importa si es un «poquito», como suelen argumentar algunos. No hay un «poquito»; hay invasión al hígado, que debe exigirse para que se depure cuando no necesita ningún remedio, pues lo que precisa es de comprensión, ejercicio, vida al aire libre, respeto y cuidado.

Volviendo a mi paciente, en este caso estudié los siguientes síntomas:
- Abrupta
- Cólera consigo misma
- Cólera por sus propios errores
- Extremidades frías (así las había encontrado durante la revisión)
- Lengua entre los dientes

También tomé el síntoma de deseo de morder. Aunque tenía razones para hacerlo, lo tuve en cuenta, pues otros caballos tienen otras reacciones.

Una conducta puede guiarme al remedio adecuado.

Mientras pude tratarla siguió mejorando. Vivo una eterna despedida con muchos de mis amigos equinos.

Nahuel

Nahuel era un precioso alazán lista blanca de 8 años al que hacían correr cuadreras[6], y era tratado con magnetoterapia por dolor renal. Aunque mejoraba con la magnetoterapia, seguía con un profundo dolor cuando lo montaban. Según el cuidador el dolor era muscular. Pero me pregunté si no sería renal, pues el riñón está relacionado con el estrés en la medicina oriental y cualquier caballo obligado a correr cuadreras sufre de estrés.

Era de perfil bajo en el grupo y manso cuando se lo montaba. Mejoraba por el movimiento y se relajaba tras un tiempo.

Andaba junto con su hermana, llamada La Niña, y se enojaba mucho si esta se acercaba a otro caballo. Un día, su hermana estaba al lado de otro caballo llamado Cheyenne y la atacó ferozmente, lastimándola mucho.

Se notaba que no estaba siendo bien tratado; su conducta lo evidenciaba porque se sobresaltaba por el contacto y estaba muy tenso, a pesar de que vivía suelto. La materia fecal era semilíquida, llegando a líquida. En general defecaba con frecuencia heces poco sólidas. Era una primavera lluviosa, lo que podría haber influido en su funcionamiento intestinal.

Anoté, mientras hacía la historia: «Parece que se vuelve brutal por los celos», comportamiento que muestra la *Nux Vomica*.

Al verlo caminar y trotar noté que el miembro posterior izquierdo no avanzaba como los otros; la quinta vértebra lumbar se veía desviada y la musculatura del miembro anterior derecho tenía zonas hundidas, como si la musculatura estuviera desgarrada.

---

6   Las carreras cuadreras, o simplemente cuadreras, son un tipo tradicional de carrera de caballos características del mundo rural, que se realizan en Argentina, Paraguay y Uruguay, y que fue creada por la cultura gauchesca en los tiempos coloniales. Se trata de carreras cortas, derivando el término de «cuadra», una unidad de medida equivalente a 129 metros que se utilizaba en tiempos de la colonia. La competición se realiza entre dos o más caballos «parejeros» (casi siempre caballos criollos) y son frecuentes las apuestas. La costumbre se encuentra muy difundida a lo largo del país. Fuente: Wikipedia.

Los caballos con dolor además tienen miedo al dolor, pues si están siendo perseguidos no pueden contar con su potencia.

Le hice masajes y electroacupuntura, durante la cual eliminó gases. Por el modo en que atacó a la hermana, la tensión, la materia fecal y el sobresalto por el contacto, receté *Nux Vomica*.

A los nueve días de este encuentro le notaron mejor. Algunos humanos son lacónicos para detallar la mejoría. Les basta con ver mejor al caballo. Pero me pudieron comentar que cuando lo iban a buscar al potrero no se sobresaltaba. Que toleraba mejor el contacto. Y que cuando lo montaban no se agachaba por dolor en el lomo. Esta fue la última vez que tuve noticias de Nahuel. Yo sabía que no iba a poder acompañar el proceso de ese caballo, es un ambiente exitista que no gusta de la sutileza de la vida.

Pero al menos en ese momento pude establecer una conversación con él y que supiera que siempre hay gente que ama.

Estamos atentas. Fotografía: Alejandro Gatti.

CAPÍTULO 5

Alquimia
B Park, Branca, Valeria, Laela, Shakirr, Mercedita, Pobrecita, Panera, Totito, Paton, Delicada, Brisa

Saber mirar. Fotografía del archivo personal de la autora.

Enfoco este capítulo en animales que atendí por poco tiempo, o solo una vez, razón por la cual no pude hacer un seguimiento clínico por el bien de la salud actual y futura del animal.

Es necesario aún desarrollar el pensamiento preventivo con el que los homeópatas trabajamos para que los humanos dejen de esperar que el caballo enferme o que haya una urgencia, sino hacer lo necesario para mantener al animal en estado de salud. O que piensen que el equilibrio es estático.

Sabiendo el milagro que puede suceder en un plano profundo de salud y de vida del animal cuando se incorpora una visión a largo plazo, es frustrante cuando cortan el tratamiento y no tenemos posibilidad de seguir en contacto con nuestro paciente.

Un caso de un caballo que ilustra esta falta de consciencia de lo que es la prevención fue un ejemplar de adiestramiento que había tenido un desprendimiento de sesamoideo medial en la extremidad posterior izquierda y había sufrido de laminitis. Recibió *Rhus Tox* y al día siguiente estaba tan bien que lo concursaron sin darle tiempo a una recuperación orgánica. No pude completar el tratamiento para reforzar las articulaciones y su sistema músculo-esquelético, que seguro iba a recaer, pues tenía muchas secuelas por haber sido caballo de escuela. Los tejidos necesitan tiempo y espacio para su recuperación. En ese estado de vulnerabilidad, cualquier esfuerzo o tropiezo puede hacer que el cuadro retroceda y haya que comenzar desde cero.

Otro caso fue el de un rosillo dócil de 9 años con dificultades principalmente en los garrones, que era infiltrado con corticoides y recibía jarabe para la tos. Desde nuestra visión, esos procedimientos estaban influyendo en sus síntomas y el tratamiento no estaba dando resultado.

Se golpeaba siempre en el mismo lugar, algo que suele ocurrir cuando el tejido conectivo está lastimado y pierde la capacidad perceptiva, y esa región se lastima con frecuencia.

Estaba desesperaba con el dolor y le receté *Aurum,* que tiene dolores con tirones agudos, debilidad paralítica en general, en los miembros y principalmente en las articulaciones. Inflamación de los huesos con gran abatimiento y sensibilidad al dolor.

Al mes y medio estaba muy bien y volvió a saltar. Pero de haber continuado el tratamiento hubiera recuperado una fuerza interior y duradera.

Cuando se hace prevención se presta atención a cualquier signo que pueda denotar molestia o falta de comodidad, pues esos momentos en los cuales parece que algo empeora pueden ser en los que se puede seguir mejorando, y eso es lo que promueve el estado de salud permanente. Vamos conociendo al animal en un proceso.

B Park y varios casos más

B Park era una yegua colorada de 4 años que estaba en el hipódromo de San Isidro. Había corrido su primera carrera muy bien, llegando segunda a un cuerpo, y luego segunda en otra carrera. Pero cada vez rendía menos; así se habla en ese ambiente. Decían que se desgastaba, se quedaba sin fuerza, perdía 20 kg por sudoración y temblaba muchísimo antes de correr.

Cuando entré a su box estaba movediza, necesitada salir a tomar aire tranquila, sin que la forzaran a hacer una actividad que la estresara.

Mi diagnóstico fue que tenía trastornos por susto y dificultad de adaptación al ambiente. Quizás no entendían su sensibilidad, que ella expresaba con tanta claridad, o la entendían pero no sabían qué hacer.

Yo había ido a ver a otra yegua y me preguntaron si podía atenderla, ya que la habían apuntado para correr en unos diez días. Acepté; me encanta asistir a caballos deportistas, pero les expliqué que esta medicina no es mágica y que necesita tiempo como cualquier otra terapia. Que no se ilusionaran.

La mediqué con la *Fórmula de examen*[7] del sistema de Flores de Bach y una toma de *Aconitum,* remedio homeopático que tiene mucho miedo por anticipación y miedo de la muerte. Le receté una toma alta y trabajé con ella durante una hora con técnicas de liberación de fascias, dado que estaba muy tensa.

En el *stud* estaban sorprendidos el día de la carrera porque ella estaba muy tranquila. Había corrido fenomenal a pesar de que había sido golpeada por otro caballo cuando pasaron el codo. Aun así llegó muy bien. Si bien estaban contentos, andaban un poquito desconfiados de que le hubiera dado algún químico. Les costaba creer que la medicina homeopática pudiera funcionar tan bien (eso sí junto con un cuidado sensible hacia la yegua).

---

7   Compuesta por Larch, Clematis, Elm, White Chestnut y Gentian. Es una fórmula que ayuda a regular el abatimiento, la concentración, la intranquilidad mental, la depresión, energizando.

Esta yegua podría haber seguido mejorando de sus miedos si se la hubiera acompañado a entender lo que tenía que vivir. Salir a ver carreras. Estar suelta con amigas. Entrar y salir de las gateras.

Ya que esa era la vida que le había tocado, un buen seguimiento la habría ayudado tanto en lo anímico como lo etológico. Y quienes hubieran participado de ese seguimiento se hubieran cultivado con un conocimiento certero acerca de la etología equina y profundo de la personalidad individual.

Otros casos en los que algunas personas no entienden el valor de continuar el tratamiento preventivo son aquellos en los que las personas se olvidan de pagar. Generalmente no son gente a quienes les falte el dinero, sino que son aquellos que no terminan de comprender el valor del intercambio. Un intercambio que influye poderosamente en la salud del animal, pues cada acción positiva o negativa le va a llegar.

Una vez, estando en el hipódromo de Palermo, vi una yegüita muy triste, y al preguntarle al cuidador comentó que no quería comer, sobre todo después de haber corrido. Yo estaba atendiendo al lado y le ofrecí darle *Arnica*. Al día siguiente estaban sorprendidos por el estado de la yegua, que estaba comiendo y de mejor humor. Sin embargo no se les ocurrió preguntar cómo funciona la medicación homeopática y se perdieron la posibilidad de que la yegua siguiera mejorando día a día con un tratamiento preventivo. Seguramente que con el tiempo debió haber sufrido nuevamente anorexia, al no resolver el problema de fondo, que probablemente fueran úlceras gástricas, algo común en los caballos que viven encerrados.

Un tratamiento preventivo tiene en cuenta la tendencia del animal y se actúa antes de que aparezca la patología, en este caso, no solo con medicación homeopática, sino con un enriquecimiento del ambiente. Todo ello actividades enfocadas en el bienestar animal.

Con Nevada en medio del campo. A pesar de la distancia hubo cierta continuidad. Un suave movimiento en la cadera. Fotografía: Nati Loser.

Un caso que me hubiera gustado seguir tratando fue el de un doradillo de salto que había sido muy mal usado, que se sentía muy inseguro. Si bien estaba con un jinete que lo entendía, seguía siendo un poco impredecible en su conducta.

Era muy dócil y tranquilo durante la terapia corporal, pero le costaba entregar la cabeza y me llamaba la atención su quietud, como sí moverse fuera peligroso.

Lo mediqué con unas *Flores de Bach* para el pánico escénico, que lo ayudaron mucho en el concurso el fin de semana posterior a la primera visita. Y agregué *Graphites*, un medicamento homeopático que cubre los síntomas de inseguridad, indecisión, miedo y baja estima, como decía su jinete. A fin de año había saltado muy bien en una prueba muy difícil, a pesar de que su jinete reconoció que había tenido errores de manejo con el caballo.

Si hubiéramos seguido con un plan racional con ese caballo, no solo habría saltado bien, sino que habría encontrado su fuerza interior y su potencial físico.

La expresión «se hace lo que se puede» nunca es tan clara como donde se trata a los caballos como máquinas, que, si tienen suerte, pueden seguir viviendo cuando termina su vida deportiva, pero una gran cantidad de ellos no lo logra y son llevados al matadero por el nivel de inconsciencia, ingratitud y desconexión del corazón existente.

Una zaina con quien jugaban al polo tenía el miembro anterior derecho inflamado, se esforzaba mucho cuando trabajaba, tenía la vulva un poco relajada. Era mansita y fuerte. Comía y hacía todo apurada, como huyendo de algo. Probablemente era su manera de evitar el miedo.

Por el tema del apuro fundamentalmente y por la forma «pensante» de estar durante la terapia corporal, pues era muy sensitiva, le di *Sulphuric Acid*. Agitación, precipitación e impaciencia son sus características. También tiene como característica la seriedad, algo que la zaina emanaba. Al mes –según el peón y el propietario del lugar– «había bajado un cambio», comentaron. Su responsable, contento con eso, discontinuó el tratamiento, que hubiera tranquilizado a la yegua en su profunda emotividad. Seguramente habría jugado mucho mejor al sentir su sistema músculo-esquelético y su ánimo más ecuánimes.

En octubre del 2010 atendí en una estancia a un grupo de 8 yeguas y machos de polo. Me había recomendado una colega que había usado algo de homeopatía con buenos resultados.

Es un ambiente en el cual no siempre hay un verdadero contacto humano con el animal y es muy conmovedor para mí tratar al caballo que se expresa silenciosamente pero con mucha claridad. Y continué aprendiendo a traducir los dichos humanos en síntomas homeopáticos útiles para medicar a mis amados caballos.

Branca

Branca era una zaina de 7 años con los tendones de las manos edematizados y edema de los nudos, así como el anca caída. Tenía dificultad para cruzar los miembros posteriores, probablemente por la exigencia del deporte, la falta de entrenamiento delicado y eficiente, y la ausencia de técnicas fisioterapéuticas. Tenía una verruga en la punta de la oreja izquierda.

Parecía apática, llevaba un tiempo conectar, algo que observo en muchas yeguas de polo, que se van aislando porque no tienen comunicación con sus humanos, que no entienden la necesidad de afecto y comunicación que el equino requiere. Por suerte los animales tienen comunicación en su grupo equino. Solo un protocolo de desinflamación y desintoxicación hizo que el capataz comentara cuánto mejor estaba al mes de haber recibido esa información medicinal.

Branca y su mamá. Fotografía del archivo personal de la autora.

Valeria

En la misma fecha atendí a otra zaina colorada de 7 años, grandota, con cabos negros, pintas en el lomo, estrella blanca en la frente hacia la izquierda. Era nueva en el equipo y necesitaba trabajar para ser deportiva. Decían que le costaba estar blanda en la boca, probablemente por falta de entrenamiento adecuado y de buena mano del jinete. Indiqué que le trataran la dentadura y dejaran de usar bajador.

El bajador es un adminículo que si no se usa bien solo facilita la monta a los jinetes que no tienen un buen entrenamiento personal pero que arruina la biomecánica del caballo.

Era de buen carácter, mansita y fácil de cuidar. «No corre lo que tiene que correr» decía el capataz. Una toma de *Sulphur* hizo que jugara muy bien, pues este medicamento, entre muchas otras cualidades, depura el organismo y aclara el cuadro.

Laela

Laela era otra zaina lista blanca de 9 años, que había tenido un golpe en el isquión izquierdo y había sufrido mordeduras y patadas. Me llamó la atención el que bajara demasiado el cuello. Además había tenido un accidente en el cual se había cortado el músculo extensor digital largo y un tendón del miembro anterior izquierdo.

Cuando la soltaron por primera vez saltó un alambre de 1,60 metro de altura. Era tímida. Decían que tenía calidad, que jugaba muy bien. Hacía un año que estaba parada

La *Arnica* la ayudó a superar sus traumas. Me llamaron por teléfono un par de meses después de aquella consulta: el responsable había jugado con ella después de un año y medio de estar parada. Lo había hecho muy bien. Cuando la visité en diciembre se la veía fantástica, según comentaron. Y había jugado con la hija del dueño de la estancia.

Shakirr

Shakirr era una zaina colorada lista blanca de 7 años, medio calzada en miembro anterior izquierdo y en posterior derecho. Preciosa. Muy buena deportista, nerviosa, veloz: «Dispara», comentaban. Se asustaba en el camión y manoteaba.

Obviamente iba a reaccionar así si no la preparaban para aprender a soportar viajes, incomodidades, desequilibrios, ruidos y demás aconteceres que suceden en los traslados.

El humano era nervioso jugando y la contagiaba. Mientras le hacía terapia corporal pasó un camión, se asustó y buscó protección cerca mío. Al mismo tiempo defecaba por el propio estrés. Hice un trabajo de rodearla con sogas para crearle confianza en el cuerpo y le pasé una bolsa de plástico por el mismo para familiarizarla con situaciones que le produjeran inseguridad y que ella descubriera cómo podía superar la incertidumbre.

Era tan sensible que al final de la consulta me susurró dos veces como una amiga. Mientras trabajé con otras yeguas observé que mordía la corteza del árbol donde estaba atada. Estaba molesta con el bozal, con la lluvia; ese día hubo una tormenta fuerte, casi un temporal. Su comportamiento mostraba que era claustrofóbica.

Con *Pulsatilla* fue milagroso el cambio que experimentó; el capataz dijo que estaba perfecta. La vi muy bien en la segunda consulta, unos meses después.

Mercedita

Bonito nombre para esta alazana de 6 años y medio, la edad que tenía cuando la conocí. Sus miembros posteriores estaban calzados hasta el último tercio del metatarso y su frente tenía una lista blanca. Dócil, de buena rienda, pero se envaraba por lo nerviosa que era en la cancha. Mejoraba con vitamina E.

A causa de la rudeza que ejercieron en su boca tenía lesiones en la misma. Ya se van imaginando lo difícil que era atender en esa estancia.

Era tímida en la manada; si otra yegua bajaba las orejas se alejaba. Pero en los palenques estaba tranquila. Si se espantaba se calmaba rápido. Encontré una yegua suave, delicada, con fuertes borborigmos intestinales, a quien le recomendé *Calendula*. Me enfoqué en tratar la tensión que tenía.

La *Calendula* puede funcionar contra el tétanos, otro tipo de situaciones de rigidez y en los miedos. Ella había tenido antecedentes de envaramiento.

En noviembre, el capataz la montaba y relató que estaba fantástica. En diciembre la vi muy guapa, más tranquila y segura. No volvió a envararse.

Pobrecita

Pobrecita era una yegua baya de cabos negros, calzada atrás y carablanca, de 7 años. Muy dócil: buenita, prolija, «sin problemas», decían. Agregaron que le había costado ganar peso y que era buena para los niños. Estaba con debilidad del miembro posterior izquierdo y la cola torcida. Recibió *Silicea* por su modo de ser, tan condescendiente, y su necesidad de prolijidad, más la falta de confianza en sí misma.

Traté de alinear la cola y ubicar las vértebras coccígeas en su lugar, pues estaban desalineadas. Las vértebras fuera de eje crean inseguridad en el animal. El caballo depende de su motricidad para sobrevivir y esta depende de la salud de esqueleto y músculos.

Mantener sana la capacidad motriz es imprescindible para un caballo.

También jugaba con el capataz, quien comentó que estaba perfecta y que socializaba muy bien.

Panera

Panera era una zaina de 7 años, tranquila, pero en aquel momento estaba apática. Tenía inflamadas las entrecuerdas de ambas manos. Había sido pateada en el garrón. Era ágil. En su grupo era sociable. Todo el lote estaba unido. Esta es una de las partes positivas del polo: que están en grupo y se unen, pues es lo natural.

Me pareció que padecía un tema de aburrimiento por mortificación y por eso decidí darle *Staphysagria*.

Jugó muy bien con el capataz al poco de la primera visita. La vi por segunda vez unos meses después y también estaba muy guapa.

Totito

Entre tantas yeguas atendí a Totito, un zaino de 6 años con algunos pelos blancos en los miembros posteriores. Estaba con cierto grado de debilidad en la grupa que no le permitía el movimiento de ir hacia atrás.

Fue un momento difícil pues se desató un temporal y me quedé sola en un lugar que no conocía y nadie tuvo la cortesía de averiguar si necesitaba algo. En fin... sin palabras. El pobre Totito relinchaba durante el temporal; yo trataba de calmarlo mientras lo estudiaba. En ese momento le di de comer, algo que no hago habitualmente, pero no había muchas opciones. Me lamió y observé que tenía aftas en la boca. Lo mediqué con *Phosphorus*, ¡y anduvo muy bien!

Finalmente, el temporal me ayudó a encontrar un buen remedio.

Este grupo de caballos podría haber llegado a alcanzar un estado de salud muy bueno de haber continuado una prevención consciente con medicación homeopática que protegiera el sistema músculo-esquelético, así como depurativa, ejercicios fisioterapéuticos para mantener la fluidez del movimiento y la calidad articular. Pero faltaba consciencia acerca del bienestar equino y de la responsabilidad que tenemos hacia otros seres vivientes.

Paton

Paton era un macho castrado, doradillo de 10 años, mestizo de adiestramiento con antecedentes de cólico, dos de ellos obstructivos. Tan grave estuvo que debió ser operado. El primero había empezado con transpiración, que le duró tres días. Durante el segundo se echó rápidamente y apoyó la cabeza contra el suelo. Se daban cuenta de que sufría el calor porque se deshidrataba y su materia fecal se secaba, bebía mucho y orinaba mucho.

Decían que era muy seguro cuando lo montaban, pero no le gustaba sentir la espuela y la pateaba, con razón. Se rebelaba, pero se calmaba (o se sometía) con el primer chirlo[8], y el jinete estaba satisfecho, sin haber aprendido lo que tenía necesidad de aprender. También decían que era impredecible. Si se aburría, por ejemplo, durante el herrado, a veces quería irse. Me hubiera gustado haber estado ahí para observar la situación y sacar conclusiones.

Durante la consulta estuvo conectado y tranquilo, pero observé que había dificultad en la comunicación, algo que entiendo mejor actualmente al reescribir esta historia. Le habían creado distancia, pues sus intentos de comunicación fueron obstruidos. Por eso se entiende que lo describieran como desconfiado. Aun así su humano estaba preocupado por él.

En la piel había una reacción posiblemente alérgica, más expandida del lado derecho y con mucha caspa, y en el ojo tenía una uveítis incipiente.

Prescribí *Lycopodium*. A los 5 días tuvo una reacción en la piel, tipo micosis, se le cayó el pelo, con una mejoría anímica, pues estaba más confiado, el lomo estirado, la unión del cuello con la cabeza relajada. Este es un proceso de aden-

---

8   Golpe.

tro hacia afuera. Al caerse el pelo y renovarlo se depuró y pudo mejorar en lo anímico. Solo lo vi dos veces y estaba bien en ese tiempo.

Al no haber continuado con un tratamiento de transformación profundo y certero es probable que al tiempo hubieran reaparecido los síntomas, tal vez con menor intensidad.

La vida y el estado de salud son dinámicos. Por lo tanto, hay momentos de exigencia, de cambios climáticos o de situaciones anímicas de los allegados al caballo que pueden influir y hacer que este tenga síntomas. Estos nos guían para un tratamiento cada vez sea más profundo, lo que va creando fortaleza en el animal.

Un caballo que tomó «Lycopus»

Hace unos años conocí a Tolkien, un zaino de 10 años, mestizo purasangre de carrera, calzado en el miembro posterior derecho.

Me consultaron porque tenía actitudes repentinas: se asustaba cuando veía un caballo de frente o si lo sentía de atrás, probablemente por un entrenamiento pobre y falta de vida social, pues es en el grupo donde aprenden a mirar, a percibir la cercanía o lejanía del otro animal; jugando aprenden a evitar al otro o a moverlo. Nada de esto lo tienen muchísimos caballos.

Cada humano describe a su caballo conforme a sus creencias y cómo ve la vida, excepto que esté en un trabajo interior en el que sepa cómo diferenciar lo propio y ver al otro. Estas son oportunidades para entender cuándo el humano habla de sí mismo o describe al otro ser.

Su humana describía la actitud de Tolkien como inmutable cuando por ejemplo tiraba una valla, pues la siguiente la pasaba como si nada hubiera ocurrido, pero al mismo tiempo decía que era torpe porque se chocaba con cosas.

Al revisarlo encontré gran tensión interna sobre todo en el hombro derecho, en la pata derecha y del lado derecho de la nuca. Mientras trabajaba en su cuerpo su amiga comentaba que le costaba ser preciso y que al día siguiente de un trabajo fuerte se quedaba como compacto. Claro: si los músculos del lomo, tras 15 minutos de trabajo, empiezan a doler, ¡cómo no iba a quedarse compacto! Mi sensación en esos momentos era que no podía soltarse.

Durante el trabajo corporal se quedaba quieto, calmo, dócil. Era sociable con la gente y de lamer la mano. Observé una cicatriz en el talón lateral de la pata derecha. Se mostró precavido y curioso. Cuando vivía en otros boxes manoteaba ansioso a la hora de la comida, actitud que resulta de un manejo alimentario pobrísimo.

Confiaba en su amazona. Había tenido una amiga de 8 años y una buena doma. Y este dato fue significativo: si ella se caía, él se quedaba a su lado.

Cuando los caballos no quieren a sus jinetes o amazonas en general se van.

Así estudiamos. Fotografía de Patricia Cufré en un curso en Bariloche.

Ella lo describía como compasivo. Saltaba con gusto, nunca se negaba, se concentraba y salía eufórico de la valla, creo que por dolor o molestia. Al mismo tiempo decía que era muy suave, y que si pasaba una semana sin montarse no corcoveaba o solo un poquito.

Creo que era cuidadoso con su amazona. Para saltar le daba lo mismo un metro o un metro sesenta. Solo se esforzaba si era necesario. No le gustaba ser montado por otros.

Estudié la apreciación inexacta de las distancias, la torpeza, el hecho de golpearse a sí mismo y los errores de cálculo y llegué al *Lycopus*, que funciona cuando hay falta de expresión, ligera lentitud de la atención y que puede sentirse mejor en la quietud cuando no está armónico,

A los dos meses del primer encuentro estaba muy bien; había mejorado en muchos aspectos. Su responsable estaba familiarizada con la homeopatía, por lo cual su mirada fue objetiva. Si bien no lo volví a ver, porque se fue del lugar al campo, reconoció que tendría que haber seguido con el tratamiento para que hubiera podido seguir superando sus dificultades.

Una preciosa zaina que bailaba

A esta zaina dedicada al adiestramiento y muy querida por su humana le costaba mover fluidamente la pata derecha. A su humana le irritaban las voces fuertes y la yegua pateaba cuando escuchaba voces fuertes. Un trabajo de discernimiento fue distinguir si la yegua pateaba por lo que le ocurría a su humana, pues un día que se enojó se fue encima de ella, probablemente por identificación de sensaciones.

Encontré un animal amistoso de fuerte temperamento. Si bien la atendí un par de años, nunca entendieron la profundidad y belleza de esta terapia, por lo que cada vez que había una dificultad la infiltraban e invadían con tratamientos químicos sin avisarme.

Había una gran carga emocional sobre ella por parte del entorno. Tenía que ser la yegua de adiestramiento perfecta, sin que pudiera mostrar nada por muy sutil que fuera.

Seguía atendiéndola con la intención de aprender la paciencia hasta ver si su humana se daba cuenta de que se podía intentar algo integral sin agredir a la yegua, estrategia que a veces me ha dado resultado, aunque esa vez no fue así. Pero la yegua respondía muy bien.

El tema que se manifestaba con claridad era en su miembro posterior derecho y el anterior izquierdo. Fui cambiando remedios hasta que hubo un episodio interesante en que su humana tuvo un accidente grave: fue pateada y al mismo tiempo la yegua tuvo una inflamación en el cachete derecho que no pude tratar porque no me avisaron. Por lo tanto, con esta yegua muchas veces tenía que volver atrás por la medicación química que recibía. Pero la atendía todos los meses. Me miraba mucho durante la sesión; era muy activa y atenta.

La pata derecha fue mejorando cuando trabajé el abdomen y unos puntos en dorsal y caudal de los omóplatos.

Era un placer trabajar con ella, podía dejarla suelta y se quedaba muy tranquila. Su peón la quería y ella estaba cómoda con él. En un momento aparecieron unas verruguitas en la grupa izquierda.

Fue respondiendo muy bien a las pruebas de más exigencia, a pesar de que sus cascos eran un desastre por el tipo de herrado que tenía.

Fui observando que cuando comía azúcar dejaba la punta de la lengua fuera como si le diera frío: tal vez tenía caries. A veces tenía cosquillas.

Cuando recibió *Angustura*, su humana decía que estaba voluntariosa, con fuerza controlada pero descomunal, con agilidad, prolija, tranquila pero atenta al trabajo, que los ejercicios no le costaban, que estaba sin nada de dolor. Pero en ese momento la infiltraron, por lo que el cuadro no estaba del todo claro. A pesar de la infiltración anduvo un buen tiempo bien. Le di un par de veces *Angustura*, que tiene dolores como de dislocación en las extremidades, rigidez en músculos y articulaciones; es muy sensible y excitable, vivaz y puede reaccionar con irritabilidad o malhumor. Se ofende fácilmente.

La tensión de la yegua tenía una razón lógica y era necesario lograr la relajación por medio de una terapia integradora, que incluyera biomecánica y la comprensión de las dificultades articulares y musculares. Tuve que dejar de asistirla ante tanta intromisión con tristeza pues le había tomado cariño y sabía que podía mejorar muchísimo de haber seguido con un tratamiento coherente. Al tiempo supe que murió de cólico, algo que era fácil de prever pues le impedían cualquier tipo de manifestación. Era como una olla a presión.

Ante la falta de paciencia en estas situaciones recordé un cuento del maestro Nasrudín cuando le pedía paciencia al Creador.

–*Por favor, Dios mío, dame paciencia* –imploraba Nasrudín.

Como pasaban los días y Nasrudín se sentía inquieto, se fue cansando hasta que, mirando al cielo, dijo:

–*Dios mío:, dame paciencia, pero dámela ya...*

Delicada y Brisa

Delicada era una preciosa yegua alazana de 6 años, calzada hasta la mitad de manos que padecía una enfermedad pulmonar obstructiva. La medicaban desde hacía 6 meses con *Bromhexina* y antibióticos. Había estado en un lugar en el cual no la habían tratado bien y ahí comenzó con síntomas respiratorios. Aparentemente el peón la maltrataba, pues cuando entraba al box se levantaba de manos, pateaba, no lo recibía bien. Obviamente sus pulmones decían «¡basta!».

El pulmón aloja la alegría, el aire, la respiración. Es la respiración de todo el cuerpo, de cada célula.

Interesante es que la describieran como noble y voluntariosa. Con más razón se entiende que mostrara malestar en el pulmón, que la medicina oriental relaciona con la función del intestino grueso que separa lo bueno de lo malo. Ambos son de energía metal y esta energía necesita ser tratada con mucha coherencia.

Sus síntomas fueron tos seca, moco blanco, transparente a chorritos desde la nariz. Había quedado tan exhausta después de un concurso que se había tumbado en el box. Y la solución fue que le cosieron la vulva porque echaba aire cuando saltaba, según una profesional. Era el primer caballo de esa familia y sus experiencias iniciales fueron con esta yegua.

Tenía un moco espeso, amarillo-verdoso. Durante el trabajo se agitaba, pero era feliz y se expresaba tirando patadas y agrandando el cuerpo cuando la soltaban. Se revolcaba poco, detalle muy importante en un equino. Era impresionante el grado de tensión que tenía. Sus vértebras lumbares estaban desalineadas hacia la izquierda. Se había caído dos veces, una de ellas con su amazona.

Las enfermedades pulmonares tratadas con tantos químicos llevan a rigidez de la columna y los caballos casi no se revuelcan. O se revuelcan poco y no se giran al otro lado, tal es el grado de tensión, dolor, obstrucción energética que tienen.

Tenía diarreas involuntarias. Antes del concurso se le salía literalmente la materia fecal sin que ella lo notase.

Empezó muy bien con *Kali Bickromicum,* una sal de potasio, la terapia corporal apuntada a soltar las costillas y alinear la columna vertebral, y paseos, dejarla descansar del entrenamiento y los concursos. Esta sal de potasio sufre algo de antropofobia, imagínense lo difícil que habría sido para ella soportar al peón que la maltrataba. Es una sal que ayuda a disminuir la ansiedad que proviene del pecho, un gran remedio para dolores en el pecho con mucosidad y tos.

Se dieron prisa en concursarla, pues estaba mejor de actitud y mucho más serena y no se agitaba durante el entrenamiento. Esos meses el tratamiento funcionó. La responsable prestaba más atención al dueño del lugar que a la mejoría de la yegua. Siguió progresando y la saltaban con buenos resultados, pero en determinado momento tuve que plantear la disyuntiva: ¿en quién iba a confiar su humana? Al confiar en la ignorancia, la yegua no pudo completar su proceso de curación; seguro que con el pasar de los meses volvió con moco y tos.

Si falta la necesidad de seguir aprendiendo, sobre todo cuando la experiencia no nos enseña a hacerlo, es poco probable que se pueda dar la esperada alquimia.

Así como estos casos de falta de continuidad me producen tristeza por no haber podido ayudar a los animales a encontrar un mejor equilibrio, hay muchos otros casos en los que los humanos cuidan mucho a sus caballos y comparten sus experiencias, dudas, búsqueda y ganas de seguir aprendiendo. Brisa, por ejemplo, tuvo un accidente en el que se cortó un tendón. Hace tres años que está siendo cuidada y va mejorando en un proceso dinámico. Nos vamos transformando con ella y con su entorno; sus galopes y vivencias con su tendón en recuperación nos muestran un mundo de cuidados e interés.

A Brisa se le había cortado el tendón del músculo digital común. Día a día era atendida e iba mejorando. Foto: Juliana Mildemberg.

CAPÍTULO 6

Rosita y las verrugas

Padrillo lusitano en un curso
en la Patagonia. Fotografía:
Patricia Cufré.

Vengo observando que suele asociarse la aparición de lo que denominamos verruga, hiperformación o hipertrofia a sinónimo de cáncer. Y no siempre es así.

El cuerpo puede tener zonas agrandadas como forma de defensa ante las dificultades de la vida, así como otros cuerpos hacen úlceras. Ambas respuestas son esfuerzos infructuosos que hace el organismo para adaptarse a esas circunstancias.

La hipertrofia es un aumento anormal del tamaño de una estructura. El tumor es una conjunto de células transformadas que crecen y se multiplican de forma exagerada. Decir cáncer o neoplasia puede causar una reacción de miedo en las personas que consultan. Yo me enfoco en la situación desde un punto de vista biológico, atendiendo al tejido involucrado y al significado del síntoma.

Si me hubiera identificado con la palabra cáncer, verruga o neoplasia no habría sido capaz de acompañar a esos animales de manera eficiente, pues habría estado asustada pensando que no se curarían.

Rosita, una petisa rosilla

La atendí en distintos momentos de su vida. Tenía infosura en ambas manos y verrugas blancas en la vulva y la axila derecha, y en la ingle derecha verrugas negras.

Pero el momento agudo fue cuando tuvo una diarrea que la dejó muy decaída. Al verla me llegó su expresión de sufrimiento. Vivía suelta con otros caballos. Uno de ellos la aceptaba y el otro la rechazaba.

Rosita estaba redondita, se la veía delicada, suave en el llamado, pero un poco desconfiada sin ser agresiva, solo que miraba de reojo, algo que fue mejorando con el cuidado que recibía, aunque aún se mostraba temerosa cuando sentía ruidos detrás de ella.

Había competido en prueba de tambores y, según decían, era muy inteligente pues en dos o tres veces había aprendido a arrancar y detenerse. Se llevaba bien con unas niñas que la montaban y su actitud era esperar a ver qué le iban a hacer.

Me habían convocado porque atravesaba un episodio de diarrea verdosa, en chorro hacia la pared, que sin embargo no le había provocado decaimiento. Había pateado a un veterinario cuando le levantó la pata. Probablemente por dolor en las manos, pues la infosura es muy dolorosa, por lo cual lo pasaba mal cuando era herrada.

En esos tiempos yo estaba aprendiendo a hacer preguntas específicas y mejorar la comunicación con los humanos. Anoté en su ficha ,a raíz del contacto con ella: «Se nota que está baqueteada». Mi sentimiento fue que la habían usado como objeto no sintiente hasta deteriorarla.

Durante la consulta me quedo con el corazón disponible para que el animal pueda mostrar su dolor.

No habían escuchado su dolor en las manos, lo que la hizo compensar con la columna, con la consecuencia de tener escoliosis en las últimas torácicas y primeras lumbares.

Se dejó masajear, y tras una hora me mostró que ya estaba bien moviéndose, mirándome, alejando el cuerpo de mis manos. Algo muy congruente, ya que hay un momento en que la información recibida es suficiente. Caminó hacia un rincón, donde descansó al lado de una amiga equina y le ofrecí *Thuja,* un medicamento homeopático que actúa muy bien para eliminar las verrugas.

A los 21 días había mejorado y estaba animada, traviesa y expresiva. El color de la materia fecal también se había regenerado.

Cómo contó Rosita lo que le ocurría

Rosita era de comportamiento y vínculos delicados. Su intestino intentó limpiarse a través de una diarrea a chorro. Y también intentó eliminar lo negativo por medio de esas verrugas blanquecinas en la vulva, papilomas y verrugas negras en la axila derecha y la ingle derecha, todas ellas hiperformaciones que tenían que ver con el tremendo esfuerzo que tuvo que hacer para soportar la negligencia sufrida antes de llegar a ese lugar donde la cuidaban con atención.

Tuve contacto con ella durante varios años, en que la vi desprenderse de las verrugas y vivir con alegría y amigos.

Las verrugas fueron un modo de sobrevivir al trato deshumanizado que había padecido. Dejó de necesitar ese exceso de tejido. Esto pudo hacerlo a través de la comprensión de su vulnerabilidad y su esfuerzo por sobrevivir por parte de los humanos.

La *Thuja* espejó ese aspecto de vulnerabilidad.

Otros casos de hipertrofia

Otro caso que atendí por hipertrofia fue en marzo del 2005, por una zaina colorada, robusta, de 5 años, que tenía un sarcoide desde hacía más de dos años en el miembro posterior derecho. Había sido operada dos veces y el sarcoide reaparecía cada vez de mayor tamaño.

Lusitano elongando. Fotografía:
Martín Hardoy.

Comentaron que era asustadiza, a pesar de que se había criado con su madre. Pero esta, que era una yegua solitaria, se aislaba de otros caballos, por lo que todas sus crías tenían dificultades de socialización. Los allegados humanos tenían poca experiencia y escaso conocimiento de caballos.

Era un contexto poco disponible a la transformación necesaria para resolver ese tipo de situación.

No era casual que la yegua tuviera un sarcoide; espejaba la rigidez y falta de apertura mental de quienes la rodeaban.

Estaban aprendiendo con ella y las consecuencias de hacerlo sin alguien que los guiara provocó gran confusión en la potranca. Decían que era geniuda, cuando en realidad estaba confundida y alerta porque faltaba una guía clara y coherente.

Otra de las consecuencias es que tiraba patadas cuando la llevaban a trabajar a una manga. Se defendía pues no podía confiar.

Con señales claras se mostró más confiada y con ganas de aprender. Desde las herramientas que me ofrecía la homeopatía la acompañé con *Baryta Carbonica,* que la ayudó en su congruencia, pues la *Baryta* acompaña cálidamente a caballos en estado de alerta que necesitan la cercanía de amigos pero no de quienes puedan crearle inseguridad. Son animales que pueden parecer de mal genio, como la describían, pero que en realidad son inseguros, y un caballo fogoso puede mostrar su miedo con fuerza y genio. En pocos meses, el sarcoide desapareció para siempre.

Otro animal con hipertrofia fue un caballo lusitano que –según su responsable– era muy dominante y guerrero. Esa persona me consultó porque el caballo tenía melanomas en el dorsal y en el costado del periné. Los melanomas son comunes en los caballos de pelaje blanco o tordillos.

Si bien escucho lo que dicen y lo anoto, cuando hago contacto con el animal entro en un campo de resonancia y discernimiento que me ayuda a obtener mi propia observación.

Cuando Urano conectó conmigo a través de distintos acupuntos en el maslo de la cola, no me pareció ni guerrero ni dominante. En cambio percibí que era un animal muy fuerte pero a la vez flexible.

Un semental sin vínculos sociales está muy lejos de los contextos básicos de bienestar, como es estar con otros caballos y yeguas, moverse, forrajear, cuidar y educar a sus hijos, entre muchas otras actividades. Por lo que si dicen: «Se inquieta cuando pasan caballos cerca. Es difícil de montar, le gusta trabajar, arma lío cuando entra otro jinete al picadero cubierto y manotea cuando no conoce», es natural que se muestre así.

En un caso como este, los melanomas y su forma particular de mostrarse ayudaron a encontrar un medicamento que pudo disminuir el estrés que estaba padeciendo. Por la presentación de las verrugas, melanomas y otras induraciones en el perineo, que eran muy sensibles y supurantes, pude darle *Cinnabaris,* un compuesto homeopático de mercurio que se caracteriza por su fuerza de vida y la formación de induraciones. Supe que el semental mejoró mucho.

Hubo otro semental lusitano más tranquilo del mismo lugar, también con melanomas en forma de coliflor en el ano que tenía gases audibles. No disponía de más información que esa y solo lo mediqué una vez con glóbulos de *Thuja,* que recibió de mi mano. A los 7 días tuvo una secreción pastosa, oscura, como sangre coagulada y al mismo tiempo pudo mostrar su sentir, pues se puso menos amistoso. Aprendió una dinámica nueva y siguió mejorando y fue superando las verrugas y los melanomas, que desaparecieron cuando aparecieron llagas en la boca. Y cuando surgieron estas volvió a estar cariñoso y mejoró al ser montado. Aunque me fui de ese lugar, las experiencias fueron positivas y algo pude ayudar a esos hermosos lusitanos.

Para terminar este capítulo comparto lo experimentado con An Orian, un semental asturcón de 5 años, oscuro tapado, bello y tierno, que estaba lleno de verrugas del lado izquierdo del cuello en la unión con la cruz.

Estaba impartiendo unas jornadas en Asturias y los dueños del lugar me llevaron a ver la manadita de asturcones que vivía con ellos. Ese pony había tenido que hacerse cargo de cuidar la manada antes de estar maduro física y mentalmente. Este esfuerzo energético le hizo agrandarse y llenarse de verrugas. Eso percibí cuando respondió al llamado de sus amigos humanos y se acercó alegremente a saludar. Le vi muy tierno. Nuevamente la *Thuja* ayudó a este asturcón, al que mediqué solo para apoyarlo en su tarea. Como volví a la chacra para dar otro curso, lo atendí como me gusta, unos 5 meses y medio después. Pude hacer una historia completa y revisarlo y conocerlo.

A partir de haber recibido *Thuja* la textura de las verrugas había cambiado, y además empezaron a disminuir de tamaño y cantidad. Pero veamos cómo fue el comienzo.

Había empezado con síntomas en la piel cuando le dejaron solo con las yeguas cuando tenía dos años y medio. Aparecieron dos puntitos, que fueron aumentando de tamaño hasta tener el de una pelota de tenis, y tenía prurito. Esa hipertrofia siguió creciendo hacia el ventral y supuraba, llegando a alcanzar el triple de tamaño. Lo operaron, le costó cicatrizar, pero volvió a crecer. La primera vez lo vi en el monte; el aspecto de la hipertrofia era como de carne cruda, del tamaño de una mano, extendida en superficie, en medial del fémur derecho.

En este lugar, los dueños estaban acostumbrados no solo a la homeopatía sino también a una terapia holística, por lo que si el semental tenía alguna recaída, la dueña del lugar repetía ese medicamento o me consultaba, con el resultado de que las verrugas se fueran secando.

Mi hipótesis fue que el animalito tuvo que soportar mucha exigencia para su edad, al tener que hacerse cargo de la manadita. Y expresó esa exigencia con hipertrofias como las verrugas. Ese padrillito siguió adelante con su vida y, según me informaban, cuando le ocurría algo que lo desequilibraba le daban el mismo medicamento y funcionaba muy bien.

CAPÍTULO 7

Arnica y otros sustos
Zaino, Fantasma, Kala

Dios, llena mi alma de amor por el arte y por todas las criaturas.
Aparta de mí la tentación de que sed de lucro y búsqueda de la gloria
me influencien en el ejercicio de mi profesión.
Sostén la fuerza de mi corazón para que siempre esté dispuesto
a servir al pobre y al rico, al amigo y al enemigo, al justo y al injusto.
Haz que no vea más que al hombre en aquel que sufre. Haz que mi espíritu
permanezca claro en todas circunstancias: pues grande y sublime es la ciencia que
tiene por objeto conservar la salud y la vida de todas las criaturas.
Haz que mis enfermos tengan confianza en mí y en mi arte y sigan mis consejos y
prescripciones. Aleja de sus lechos a los charlatanes, al ejército de parientes
con sus mil consejos y a los vigilantes que siempre saben todo;
es una casta peligrosa que hace fracasar por vanidad las mejores intenciones.
Concédeme, Dios mío, indulgencia y paciencia con los enfermos obstinados y
groseros.
Haz que sea moderado en todo pero insaciable en mi amor por la ciencia.
Aleja de mí la idea de que lo puedo todo. Dame la fuerza, la voluntad y la
oportunidad de ampliar cada vez más mis conocimientos,
a fin de que pueda procurar mayores beneficios a quienes sufren.
¡Amén!
Invocación de Maimónides[9]

---

9   Médico y sabio judío (1138, Córdoba-1204, El Cairo.

La *Arnica* es un medicamento homeopático muy conocido por sus propiedades desinflamatorias y antitraumáticas. Pero, además de ser antitraumático en lo físico, espeja claramente la sensación de vulnerabilidad y sentirse inútil, por lo que ayuda mucho a animales que han padecido malos tratos y llegan a la consulta con aversión y miedo al contacto. También tiene gran capacidad para disminuir el dolor, el recuerdo del dolor, el miedo al dolor.

Los caballos que han sufrido algún trauma pueden quedar con el recuerdo de las experiencias negativas y necesitan, como muchos humanos, una terapia que apunte a desanudar esos recuerdos y crear una nueva memoria de paz.

Buscamos desarmar la cicatriz emocional y física.

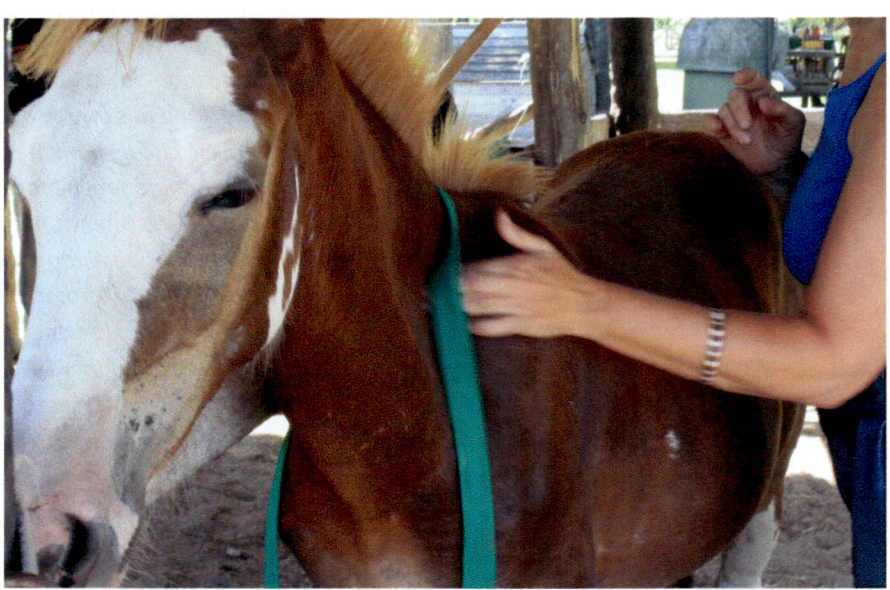

Los primeros contactos. Fotografía: Mariana Ciancaglini.

Miedo al contacto

Para ilustrar esta situación comparto lo vivido con un zaino de 6 años con mucho temor al contacto, a quien atendí por un corto período durante un agosto muy frío.

Tomé estos datos: «Solo permite el acercamiento de su responsable y del peón, que además son los únicos que pueden ponerle el bozal, aunque siempre con recelo. Evidentemente es dócil, porque cuando está montado anda muy bien».

Tiene mocos más abundantes del ollar izquierdo desde hace diez días y tos con flema. Comentan sus humanos que los mocos y la tos aparecieron a las dos semanas de haber recibido la vacuna contra la gripe.

Dicen que es celoso –pregunto qué son celos para la persona que lo expresa– y responde que la mira cuando monta a otro caballo.

Este último comentario puede ser una interpretación, ya que a veces los humanos proyectamos nuestros sentimientos a los animales, que pueden o no coincidir con lo que realmente ocurre; los caballos miran qué hacen sus compañeros cuando hay cambios, movimientos o desplazamientos.

El primer encuentro duró aproximadamente una hora, durante el cual pude ponerle y sacarle el bozal, que aceptó con tranquilidad.

Estos pequeños gestos cotidianos, realizados con conciencia y con disponibilidad del animal, van creando confianza.

Trabajé con el caballo distintos tipos de acercamiento,: por adelante, por los costados, incluso cerca de sus miembros posteriores, con gestos suaves, relacionándome con él y aprehendiendo sus reacciones. Y, aunque expresaba desconfianza, también fue mostrando interés en los estímulos que le proponía con la intención de que su cognición pudiera abrirse y para mostrarle que podía vincularse de un modo pacífico con otros humanos.

Cada vez que avanzaba con alguna acción le dejaba descansar, lo liberaba del trabajo, pemitiéndole registrar sus sensaciones de bienestar.

En un primer paso prescribí *Arnica* por el gran temor al contacto y a ser traumatizado que espeja esta planta, a la que considero una excelente amiga homeopática para disminuir los efectos negativos que dejan los traumas.

Al mes de la primera consulta se había calmado y se mostraba más sociable; incluso se había acercado a un grupo de chicos en el corral circular y se había dejado acariciar. Este zaino pudo continuar su vida en un nuevo espacio físico y anímico, rodeado de gente que lo quería y haciendo una actividad adecuada para su manera de ser.

Fantasma

Este semental español negro, increíblemente bello, llegó a mi vida en la Facultad de Veterinaria de la Universidad de Córdoba, España, durante un Congreso de Neurología y Comportamiento del Caballo al que había sido invitada como ponente.

Llegó con este comentario: «Se sienta cuando le hacen tirar de un carruaje».

Tenía heridas cicatrizadas en el miembro posterior izquierdo, en el anterior derecho y en el pecho, evidencia de un accidente en el que quedó atrapado y primer indicio de la causa de su terror. Para un caballo, el hecho de quedarse atrapado o enganchado produce lógicamente pánico, pues no puede huir, y todo el sistema nervioso simpático se pone en situación de alarma. En una situación tal no le es posible aprender.

Cuando me acerqué, al mirarlo a los ojos, vi su terror y sus preguntas, que parecían decir: «¿Qué me vas a hacer?».

Casi me puse a llorar... Sentí que tal vez los caballos han sido creados para llevarse parte de la maldad del mundo.

A la emoción de estar haciendo una demostración ante a 200 personas, estudiantes, veterinarios, docentes, personal de la Facultad, y la tristeza y el terror que me transmitía Fantasma, se sumó este hecho: su humano tardó un rato en reconocer que para resolver la dificultad le pegaban cuando el caballo estaba atrapado. En esos momentos me fue complicado mantenerme amable, pero luego pensé que muy probablemente tal vez él también tenía miedo y lo había llevado a ese congreso buscando encontrar alguna solución.

Además de lo mencionado, Fantasma presentaba dolor en la articulación fémoro-tibio-rotuliana izquierda, también llamada babilla o chiquizuela. Este es un dolor muy agudo que traba al caballo y le hace sentir minusválido por la sencilla razón de que no podría huir de un predador. Otra razón para sentir pánico y tirarse al suelo.

Los caballos congelados por el terror se quedan quietos o se tiran al suelo.

Para comenzar un vínculo sanador lo liberé del cabestro en un corral redondo, para que estuviera a voluntad. No sabía qué hacer. Se asustó y se quedó quietito, pobrecito, helado y apabullado.

Busqué sincronizarme con él y empecé a caminar a su lado, a su ritmo, mientras le hablaba y lo acariciaba, atenta a lo que iba surgiendo.

Después de un tiempo en que hice contacto con acupuntos que lo ayudaban a relajarse, y cuando fue abriéndose a la relación conmigo, lo llevé a un espacio llamado potro o manga de curación. El espacio acotado de la manga podía asemejarse al del carruaje. Se manejó bien, tranquilo. Entró y salió cómodo. Lo hice con las puertas abiertas. Noté que era muy dócil y se lo hice saber al responsable. La manga es parecida a los tirantes de un carruaje y en ese espacio además le puse varios mandiles encima con la intención de que recordara cómo era estar en un espacio tan acotado. Pudimos observar que si hacíamos un trabajo inteligente entendía lo que se le pedía.

Fue posible mostrar a sus responsables que con conocimiento, paciencia y respeto al tiempo de Fantasma podía entrar y salir de la manga sin dificultad. El trabajo y la oportunidad que esta situación les ofrecía les correspondía a ellos, que tenían la ocasión de acompañar a su amigo a perder el miedo y entender que no lo iban a lastimar.

Recomendé *Arnica* para ayudarlo con las heridas y el dolor en la babilla. Por supuesto que animé con vehemencia a que se lo atendiera tanto por un veterinario como por un amansador cognitivo y delicado.

El caballo con dolor no puede aprender.

Fantasma, aun con dolor en la babilla izquierda, mostró lo que era capaz de hacer con calma y sin aterrarlo.

No sé qué habrá sido de Fantasma; ruego que su vida haya mejorado. Tal vez le fue bien, pues si sus humanos acudieron a la Facultad es que querían resolver el tema.

Kala, un momento mágico

Kala tenía seis años cuando la atendí en el 2006. Su amiga humana estaba intentando lograr su confianza y la apoyé en su intención. Era una yegua muy delicada que había sido domada con modos muy rudos para su madera de ser.

Pateaba o amenazaba con patear o morder. Mientras se orientaba la situación hacia un trato más cordial medicamos con *Arnica,* evitando así que continuaran sedándola para herrarla e incluso para cerdearle las crines. Su amiga humana había logrado peinarle la cola sin recibir amenazas de patadas y lograba estar con ella en el box con calma.

Kala además había sufrido una fisura en el isquión izquierdo durante el viaje, lo cual no favorecía el tema de la confianza. El vínculo siguió forjándose entre cepilladas, montadas, paseos y conversaciones. *Arnica* hizo un buen trabajo en relación a cómo fue mejorando el contacto físico, su forma de estar e incluso la relación con el peón. Fue notable cómo se fue facilitando el contacto.

Conocer la sensación de vulnerabilidad de los caballos y cómo esa sensación es expresada por la Arnica fue asombroso para mí durante mi búsqueda de la comunicación con estos animales.

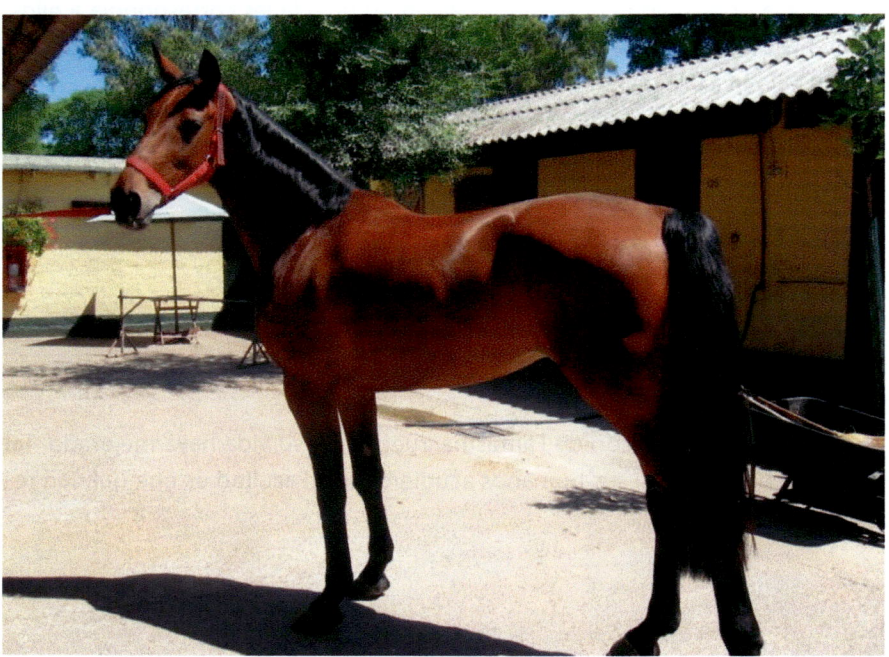

Kala la bella. Atendí a esta hermosa yegua un tiempo. Ese fue un tiempo de avances a veces lentos y sutiles, otras veces notables. Kala pasó a otro plano cuando el creador de todos los universos lo determinó. Fotografía del archivo personal de la autora.

Hubo un momento de crisis en el cual la amazona se cayó y así relató el suceso: «Le pedí un cambio de pie y la toqué con la fusta porque se había quedado trabada al cambiar solo las manos. Es la mano que más le cuesta y las dos estamos aprendiendo, así que la fusta no le gustó nada. Corrigió las patas, pero salió corcoveando y pateando. Aguanté un par de corcoveos y salí despedida. No sabía cómo iba a reaccionar ella, ya que era la primera vez que me caía en la pista. Al levantarme la vi alejarse corriendo. Seguía pateando y corcoveando, por lo que tuve miedo de que se lastimara o que galopara sobre el cemento para volver a la caballeriza. La llamé: '¡Kala, Kala!'. Frenó en el aire, giró la cabeza y me miró durante un instante con una expresión que juraría era de sorpresa. Completó la vuelta y avanzó hacia mí sobre las huellas de su ruta de escape, al principio galopando y luego a un trote que semejaba el trote suspendido de los árabes.

Veo la imagen a cámara lenta: Kala flotando, acercándose y relinchando, las orejas paradas y los ollares dilatados, lo único en movimiento en un fondo de caballos y jinetes estáticos. Se plantó frente a mí y me ofreció la frente. La acaricié maravillada y le di un terrón de azúcar automáticamente, sin tiempo para pensar si recompensaba el corcoveo o su increíble respuesta a mi llamada.

En ese momento reviví la naturalidad con que un niño que se comunica con su osito de peluche y atisbé la plenitud del hombre que habla con los animales antes de ser expulsado del Edén. En un susurro le di las gracias».

Atendí a esta hermosa yegua un tiempo.

Ese fue un tiempo de avances a veces lentos y sutiles, otras veces notables. Kala pasó a otro plano cuando el Creador de todos los universos lo determinó.

Adorado Soy, un caballo de carreras suspendido en el hipódromo

Aunque este caso no fue tratado con *Arnica*, forma parte de este capítulo por el tema del trauma psicológico.

Un día recibí un correo de una chica preocupada por su caballo de carreras que había sido suspendido en el hipódromo por arrancarle el dedo al que lo quería obligar a entrar en la gatera. No quería entrar y, cansado de los abusos recibidos, mordió a quien lo quería forzar a entrar, arrancándole un dedo, lo que derivó en una suspensión al caballo.

Me hace recordar el cuento de Nasrudín, cuando vivía en un pueblo en el cual había vacas, terneros y otros animales de granja.

Un vecino vio a Nasrudín muy enojado con una vaca, a la que le echaba la culpa de una situación.

El vecino, que conocía a Nasrudín, sorprendido le preguntó por qué actuaba así con la vaca. Y Nasrudín le contestó que el ternero, hijo de la vaca, le había comido el césped de su jardín y que ella tenía la culpa por haberlo criado.

Continuando con Adorado, su amiga había leído mi primer libro y se dio cuenta de que las actitudes del caballo tenido por «malo» eran respuestas de defensa. Decidió llamarme, así lo hizo y cuando me contó lo sucedido me interesé en conocerlo y atenderlo.

Veamos su historia. Fui a verlo a la chacra donde vivía sobre la ruta 11, en la provincia de Buenos Aires. Conocí a un zaino de seis años, animoso, vivaz, muy atento, como suelen ser los caballos de carreras.

Muchos caballos destinados a los deportes son destetados de modo abrupto, perdiendo el contacto con la manada y la posibilidad de practicar rituales sociales indispensables para la vida en grupo, por lo que cuando los atiendo inicio el vínculo con un trabajo de relación para entender dónde está su atención y buscando que se conecten con su cuerpo de manera cognitiva, porque este contacto puede ayudar a que se concentren y se sientan a gusto durante la consulta.

Adorado Soy, con su expresivo cuello. Foto: Melisa Presta.

Los caballos tienen un comportamiento motriz y sensorial refinado. Deben estar preparados un 110 % si tienen que huir. Si están fuera de su capacidad corporal o se distraen pierden parte de su posibilidad de huida.

Mi intención es que cada caballo o yegua que atiendo esté en sus pies. En su centro, con su espíritu despierto y vivo. Busco sintonizarme a través de mis manos, mi cuerpo y ejercicios de movimientos para facilitar el encuentro conmigo y con su espacio individual, de modo que pueda ver al caballo objetivamente a la hora de estudiar su modo de expresarse.

El contacto sutil con los caballos, enfocado en una motricidad más delineada, no mecanizada, genera una profunda comunicación con el terapeuta y los protege de que se lastimen justamente por falta de práctica de rituales sociales.

Después de una hora de hacer contacto con Adorado lo llevé a una manga de trabajo para observar cómo reaccionaba en una situación de encierro. Entré en la manga dejando la puerta de delante abierta. Pasé varias veces y cuando observé su estado de confianza cerré la puerta de atrás dejando la de delante abierta. Un par de veces seguí pasando hasta que lo encerré y se quedó muy tranquilo. Lo liberé del trabajo y lo solté. En ese momento me gané la confianza del cuidador y pude sentarme a hacer una historia homeopática.

El hombre relató que:
- No quiere a los otros caballos.
- Es selectivo.
- Saltó el alambre y echó a caballos vecinos.
- Es muy inteligente.
- Es desafiante.
- Se agranda con el miedo del otro.

Decía que lo veía como un chico maltratado y se notaba qué él también había pasado maltrato.

Me llamó la atención que tanto el hombre como la mujer que me habían avisado comentaran que se enojaba con los chistes. Según ellos, el que lo obligaba a entrar en la gatera le había dicho tonterías y ese fue el detonante que hizo que le arrancara el dedo. Escucho todo. Anoto todo. Y luego paso la harina por el cedazo.

Adorado tenía un solo amigo, un caballo tordillo.

Continué la consulta, y comentaron: «Es atento, observa, estudia, aprende rápido. (En general los caballos de carrera aprenden rápido). Tenía una conducta de tremenda angustia cuando estaba en el hipódromo, pues caminaba por el box y no comía. Pero cuando lo llevó a la chacra volvió a comer. Seguramente tenía úlceras en el estómago por el encierro.

Está comprobado que gran cantidad de caballos que viven 23 horas diarias en el box tienen úlceras de estómago.

Dijeron varias veces que tenía aversión por algunos caballos y al mismo tiempo era cuidadoso con sus amigos. Y gran predilección por un potrillo, a quien necesitaba olfatear para calmarse».

El síndrome de úlceras gástricas es una patología bastante común en equinos que viven presos 23 horas al día. A nivel etológico, el caballo encerrado no puede forrajear según necesidad y gusto, ni elegir lo que come, ni caminar mientras se alimenta, ni mirar a sus compañeros cuando caminan y comen, ni tomar decisiones, como hace en la vida salvaje. Los caballos necesitan comer de seguido. A la hora de haber comido continúan segregando ácido clorhídrico, porque necesitan volver a alimentarse. Y si no pueden hacerlo se crea un terreno ideal para las úlceras.

El modo de vincularse con el potrillo, la aversión a lo que no fuera de su contexto y los cuidados con su espacio me llevaron a medicar con *Calcarea Carbonica*, un medicamento que espeja la necesidad de protección, cautela y cuidados. Igualmente tuve en cuenta que, cuando no han vivido en sociedad, el tema de cuidar o no los espacios individuales y grupales puede estar alterado justamente por la falta de aprendizaje. Pero la manera en que cada individuo muestra su reactividad es única, y la homeopatía es muy precisa porque puede influir en ese modo individual. Fue un buen comienzo, por haber trabajado con terapias corporales y con pautas etológicas, que en general tranquilizan mucho al caballo.

Cuando logramos vibrar en coherencia con ellos, este solo hecho los calma muchísimo.

Así que estaba actuando con varias herramientas en distintos niveles. Para entender mejor cuál era su medicamento homeopático tenía tiempo, y a medida que el caballo pasara el proceso tendría más datos para completar la historia homeopática.

Había recomendado que pasara por la manga todos los días. Lo hizo, pero la sorpresa fue que lo metieron en la gatera antes de lo sugerido y no hubo problemas. Me comentaron que la primera vez que entró en la manga, primero metió medio cuerpo con la puerta abierta y lo hizo tranquilo. Lo montó el cuidador, anduvieron por el camino y lo notó menos asustadizo. Fuimos introduciendo estímulos que hicieran usar la mente: cómo salir del ambiente conocido. Entonces fueron al costado de la ruta y lo hizo equilibradamente.

Al mes estaba más sociable con los otros caballos, saludador con su amiga humana. Le hice entrar en la manga cerrada delante y lo hizo fenomenal. Lo presioné un poco más. El día anterior cuando lo llamaron no había respondido a la llamada hasta que su amiga se metió dentro del box y ahí fue. Le gustaba su box. Algunos caballos acostumbrados a vivir en boxes quedan aquerenciados y prefieren dormir ahí.

Durante todo el mes entró y salió de la gatera con total normalidad.

En aquella segunda consulta no hizo falta medicarlo. Unos dos meses después impartí una jornada de comunicación con el caballo en ese sitio. En esa jornada estuvo con bastante gente y lo toleró bien. Le repetí el medicamento porque era época de mosquitas y moscas que le estaban molestando. Y poco a poco, cuando había reuniones en la chacra, buscaba el contacto con la gente. Cada tanto tuve siempre buenas noticias de Adorado Soy.

Nasrudín puede ilustrar este tema del miedo.

Una noche de luna Nasrudín transitaba por un solitario camino cuando oyó un ronquido que provenía de alguna parte, aparentemente localizado debajo de sus pies. De pronto sintió miedo y estaba a punto de echar a correr cuando tropezó con un derviche que yacía en una cavidad semi subterránea que él mismo se había cavado.

–Quién es usted? –tartamudeó el mulá.

–Soy un derviche y este es mi lugar de contemplación. Tendrá que permitirme que lo comparta con usted.

–Su ronquido me atemorizó al punto de hacerme perder los sentidos y esta noche no puedo continuar mi camino.

–Entonces tome el otro extremo de esta frazada –dijo el derviche sin entusiasmo–, y acuéstese aquí. Por favor, quédese callado, pues yo estoy de vigilia. Es parte de una complicada serie de ejercicios. Mañana debo cambiar el esquema y no puedo soportar interrupciones.

Nasrudín se quedó dormido por un rato. Luego se despertó muy sediento.

–Tengo sed –le dijo al derviche.

–Entonces vuelva al camino. Allí encontrará un arroyo.

–No, aún tengo miedo.

–Entonces iré yo –dijo el derviche–. Después de todo, proveer agua es una obligación sagrada en Oriente.

–No, no vaya; si me quedo solo tendré miedo.

–Tome este cuchillo para defenderse.

Mientras el derviche se hallaba ausente, Nasrudín se dejó invadir aún más por el miedo, sumergiéndose en un estado de creciente ansiedad, que trató de contrarrestar imaginando cómo atacaría a cualquier demonio que lo amenazara.

Al poco tiempo el derviche regresó.

–¡Manténgase a distancia o lo mataré! –dijo Nasrudín.

–Pero si soy el derviche –dijo el derviche.

–No me importa quién sea usted. Puede ser un demonio disfrazado. ¡Además, tiene afeitadas la cabeza y las cejas! Los derviches de esa orden se afeitan la cabeza y las cejas.

–Pero he venido a traerle agua, ¿no se acuerda? ¡Usted tiene sed!

–¡No trate de congraciarse conmigo, demonio!

–¡Pero es mi celda la que usted está ocupando!

–Qué mala suerte la suya ¿no? Tendrá que buscarse otra.

–Eso supongo –dijo el derviche–, pero realmente no sé qué pensar de todo esto.

–Hay algo que puedo decirle –acotó Nasrudín–, y es que el miedo tiene múltiples direcciones.

–Sin duda parece ser más fuerte que la sed, la cordura o las propiedades de otras personas –dijo el derviche.

–Y no es necesario padecerlo para tener que sufrir por culpa de él –agregó Nasrudín. (Cuento de la tradición sufí).

Imagen: Wikipedia.

India y su mamá. Fotografía: Natalia Lema.

Otra situación de cuidado, poner y sacar el bozalito. Fotografía: Mariana Ciancaglin.

CAPÍTULO 8

La equinidad
Ícaro, Santa Fé, Cata

Cimarrones del Parque Nacional de Tornquist, BsAs, Argentina. Fotografía: Juan Canale.

Nasrudín se encontraba en una oficina de patentes tratando de presentar una varita mágica.
–Lo siento –dijo el empleado–, no patentamos invenciones imposibles.
Así que Nasrudín agitó su varita mágica y el empleado desapareció.

La esencia del animal, su equinidad, se expresa en estado de salud. Cuando hay un desequilibrio dinámico en el animal lo vive en los distintos planos del organismo: tanto en sus aspectos vegetativos como en los sensitivos, afectando desde un órgano hasta su esencia.

Es posible observar este desequilibrio en las distintas maneras de reaccionar frente a los estímulos y las circunstancias en que estas reacciones se manifiestan. Por ejemplo, cambios de conducta como timidez, inhibición, apatía, indiferencia, irritabilidad, cólera o fastidio.

Los homeópatas debemos estar entrenados para ver en profundidad estos cambios del ánimo antes de que se manifiesten los síntomas clínicos funcionales o lesionales.

Pero a veces los responsables de los animales desconocen la importancia de estos sutiles cambios y no les prestan atención hasta que el animal presenta signos clínicos más evidentes y ahí piden la consulta.

Potranca Mangalarga. Fotografía: Vania Rodrígues de Minas Gerais.

Ícaro, la timidez de un semental preparado para exposición

Semental, Silla Argentino, campeón en exposiciones, Ícaro era un precioso zaino con una estrella blanca en medio de los ojos, con un remolino raro, porque sus pelos estaban separados como una espiga abierta. Era calzado de las patas, es decir, que tenía color blanco en las extremidades y otros remolinos en la mitad del cuello hacia ventral.

Escribí en su ficha: «Tiene 3 verrugas que forman un triángulo, a una mano de distancia en la superficie de la cola. Sensibilidad aumentada en el lomo. Dice la cuidadora que no se anima a mostrarse enojado. Se apura a hacer lo que le piden; probablemente no se anima a mostrarse por el entrenamiento anterior (lo veremos más adelante). Cuando pasa por la puerta del box se va hacia la izquierda. ¿Le habrán pegado? ¿Le habrán apurado? ¿Se habrá golpeado con la puerta? Es un caballo de salto que salta hacia la izquierda, como evitando algo (tal vez fue 'cañado', es decir, que le pasaron clavos por las manos cuando saltaba para que las levantara más)».

Dice el jinete: «Es muy cambiante. A veces muestra cambios de humor cuando entra a la pista. Hay días en que le cuesta moverse, mientras que otros es un león, pero siempre es manso». El jinete agrega: «En la pista necesita apoyo»

Seguí anotando: «Circunstancias actuales: desde que llegó a este establecimiento vive suelto en un potrero. Hay movimiento de otros sementales en otros potreros. Se masturbó bastante, hecho común en sementales. Pero recorre el potrero inquieto, no para de caminar».

A los caballos de exposición suelen tratarles mecánicamente, con extremada disciplina cuando son muy jóvenes, y esto les deja con resabios de mucho temor. No les permiten desarrollar su sistema óseo como indica la naturaleza, pues les hacen saltar obstáculos a veces muy altos, que suponen una gran exigencia para su edad, y eso también arruina la vida de muchos de ellos, tanto en lo físico como en lo anímico.

Su conducta revela un pasado de opresión: se aleja de la fusta, muestra desconfianza hacia el humano y falta de confianza en sí mismo: lo que en el humano sería baja autoestima. Le veo inhibido y haciendo esfuerzo para mostrarse «bueno».

Sabemos que los caballos en general evitan los conflictos.

En Ícaro se notaba cómo evitaba el conflicto, incluso aunque no lo presionaran.

Durante la terapia corporal eliminó gran cantidad de gases y, aunque llegó muy tenso y contraído, tras la terapia se movió mejor, más suelto y confiado. Su piel era muy delicada, en parte por su genealogía. Se lastimaba fácilmente. Le sentí vulnerable, demasiado atento a evitar ser golpeado o a golpearse. Como si su cuerpo fuera débil, sin resistencia o poder físico.

La tarea más compleja para el veterinario homeópata es encontrar el remedio más adecuado, que en este caso fue la *Ignatia,* por su hipersensibilidad, delicadeza, ánimo cambiante, trastornos por reproches, por anticipación, por la tensión e inquietud. Le dije a su responsable que si notaba algo extraño se comunicara conmigo. Al día siguiente su humana llamó preguntando qué le había dado, pues estaba corriendo por el potrero, tirando patadas, relinchando; no se dejaba agarrar.

Le respondí que esa conducta era parte de lo esperado con la medicación homeopática y las técnicas integradas, ya que con mi enfoque etológico busco que el animal se libere. Sugerí que lo acompañara en su proceso, pues en unos días Ícaro iba a encontrar un nuevo equilibrio. Y así fue.

A los pocos días estaba mucho mejor, relajado, elongado, distinto, vivaz, ganoso, enérgico en la pista cuando le dejaban suelto. Durante el entrenamiento saltaba muy bien, andaba con energía, pero relajado. Y en el potrero empezó a formar pilas de materia fecal, como hacen los caballos enteros, es decir, no castrados. Algo que no había hecho hasta ese momento.

Volví a verlo al mes: estaba redondeado, con buena musculatura, más expresivo. Apadrillado. Sus vocalizaciones se hicieron más graves, pues antes relinchaba como gritando. Se le veía más seguro en el potrero, menos inquieto.

Unos meses después parecía que su lomo tendía a hundirse y estaba con menos energía. Era un otoño húmedo y fresco. A pesar de esta situación había salido a saltar y había ido bien. Por lo tanto siguió tomando *Ignatia*. Lo seguí viendo durante un año aproximadamente y andaba muy bien.

Estos desequilibrios son producto del trato de algunas personas, que, en su afán de tener los caballos para exposición, han aprendido a forzarlos y reprimirlos, creyendo que si no les permiten hacer su vida normal y los obligan a portarse «bien», obtendrán resultados. Pero así el caballo vive sin poder expresarse, y eso trae consecuencias.

En el caso de un caballo tímido se volverá más tímido con miedo de expresarse, es decir, de mostrar su comportamiento natural.

Ícaro mostró dificultad para expresarse claramente por ansiedad. Obviamente que al ser presionado para que se portara bien en la exposición se fue confundiendo y perdiendo la capacidad natural de expresión equina. La *Ignatia* ayuda a hablar a los que están invadidos por la ansiedad. También apoya en casos de miedo, timidez y falta de confianza. Cuando recibió este medicamento comenzó a tener un lenguaje equino al defecar haciendo pilas, como hacen los sementales. La inquietud que tenía Ícaro de ir para aquí y para allá disminuyó con esta medicación y su caminar empezó a tener un sentido. Al relajarse pudo mostrarse equinamente, corriendo, relinchando como semental, tomarse un tiempo antes de que le pusieran el bozal, aunque fuera jugando, y al mismo tiempo pudo saltar, haciéndolo con fuerza y energía.

Santa Fe y su mano izquierda

Santa Fe era un hermoso semental alazán de salto, mestizo de Cuarto de Milla con una yegua de salto, de 8 años y medio cuando lo atendí. Fui consultada por una infosura en la mano derecha, que tenía tres años de antigüedad.

La causa mecánica que causó la infosura fue que una noche se comió la cama con grano. Pero había un antecedente al que le presté atención, porque desde potro se sacaba la herradura de esa mano contra los alambres, lo que indicaba alguna incomodidad dentro del casco. Tenía una claudicación (cojera) importante con calor en el casco, inflamación a la altura del ligamento frenador distal y calcificación del ligamento de la cuartilla.

En cuanto a su forma de ser, un jinete que lo conocía relató: «Saltando es el caballo perfecto», pero al mismo tiempo otra persona que también lo trataba dijo: «Es un caballo triste».

La cuidadora contaba que era el caballo perfecto, pero siempre conviene preguntar a otras personas que no están tan involucradas emocionalmente, porque cada uno puede aportar un punto de vista diferente y tal vez todos los puntos de vista sean valiosos.

Mi observación sobre su personalidad concordaba; me daba la sensación de caballo seguro de sí mismo, pero el dato sobre su tristeza también fue útil para completar el cuadro.

Al comienzo receté dos o tres medicamentos diferentes que no disminuían el dolor ni producían cambios positivos. Volví a preguntar con mayor precisión y sumé las sensaciones y percepciones que tuve a partir de la terapia corporal.

Escribí: «La responsable dice: 'Cuando salta no se arrebata, no se acelera, sabe cómo y cuándo debe hacer las cosas, sabe el tiempo, sabe todo, no tolera que lo contradiga, sabe el ritmo y dónde meter las patas, usa muy bien su energía, es serio y responsable. No funciona si está cansado, no es muy resistente, gradúa el trabajo, no a la persona; genéticamente podría ser jefe de manada. Además, siempre fue precoz para todo y muy obediente. Se ofende conmigo si lo encierro en el corral redondo y no tiene donde jugar o andar'. Le pregunto: '¿Cómo te demuestra que está ofendido?'. Dice: 'No me presta atención, rezonga y cuando me acerco se va'».

Seguí apuntando: «Gran necesidad de hacer las cosas de manera perfecta». Me llamó la atención la meticulosidad que tenía hasta para dormir en el box, porque al prepararse la cama lo hacía prolijamente. La cuidadora decía: «Nunca desordena su cama, se acomoda de tal manera que quede perfecta. Y no toma agua en el corral grande; la toma solo de su cubo en su potrero».

El estudio de los temas y los síntomas arrojó que tenía tristeza por dolor y tristeza con temblor. Cuando estaba con dolor se quedaba quieto; hay otros animales que se mueven constantemente. Poca resistencia a pesar de ser un caballo grande y potente. Gran tensión externa.

Propensión a comer alimentos indigestos, ya que le habían visto comer un *yuyo* amarillo, planta tóxica. Y además aquella noche se había comido su cama. Fue apareciendo en mi memoria el *Metallum Album,* que en estado puro es tóxico pero que preparado de manera homeopática funciona en un nivel sutil permitiendo que funcione la energía curativa, llevando los síntomas a la superficie.

A través del contacto pude conocerlo mejor: parecía un caballo tranquilo, manso y obediente. Si me quedaba con un solo aspecto de su personalidad no podía llegar a conocerlo a fondo.

Pero toda moneda tiene dos caras, aunque a veces prevalezca un aspecto; conviene indagar lo que está un poco más oculto.

Así, poco a poco fui descubriendo que había vivido una situación o más situaciones de gran esfuerzo y exigencia (no sabemos si en la doma o cuando comenzó su entrenamiento), y que por responder a lo que se le pedía se había desgarrado la musculatura del cuello de ambos lados y ese esfuerzo por hacer las cosas de manera perfecta y meticulosa lo llevó a una lesión grave como la infosura.

La zona donde más le costaba aceptar el contacto era la región de las orejas y la articulación atlanto-occipital, como si tuviera miedo, porque se asustaba cuando intentaba acariciarlo o realizar algún tipo de maniobra para relajar la zona, por lo cual me pregunté cómo había sido tratado con la cabezada y las riendas.

Fuimos avanzando en un proceso de subidas y bajadas, incluso pasando una crisis de dolor muy fuerte, donde se reavivaron todos los síntomas. Finalmente, con todos los datos que obtuve llegué a la conclusión de que Santa Fe necesitaba un remedio que en lo mental cubriera la necesidad de hacer las cosas perfectamente, sin errores, que fuera meticuloso, prolijo y que tenía que ser él quien decidiera cómo hacer las cosas.

Receté *Metallum Album,* que tiene esa manera de vivir, no solo en lo mental sino en lo físico, ya que lo físico nunca puede estar separado de lo mental. Es decir, que una lesión ligamentosa no está separada de un estrés por esfuerzo ni de una debilidad. Al *Metallum Album* se le cierran los dedos de las manos, se mortifica y ofende si lo contradicen, tiene trastornos por cólera reprimida con tristeza silenciosa y poca resistencia y dificultades intestinales.

Con la primera toma de este medicamento cambió rápidamente la consistencia de la materia fecal, que hasta ese momento había sido muy seca. Además, siempre estaba con gases y borborigmos intestinales muy aumentados, que fueron cediendo con el remedio. Su mirada se fue haciendo más cristalina y alegre, perdió la expresión triste y cansada, y todo su cuerpo se estiró; realmente su apariencia cambió. El metacarpo se desinflamó por completo y su andar se transformó. Se puso brillante y alegre y desde aquel momento convive con su infosura sin dolor; ese era nuestro objetivo.

Fue un proceso hasta llegar al remedio adecuado, pero en cuanto lo tomó hizo una diarrea, tuvo granos y picazón en distintas partes del cuerpo y comenzó a galopar y levantar la cabeza, se le fue el calor del casco y dejó de tener la mano levantada en posición antiálgica. Es interesante tener en cuenta que los primeros días después de tomar *Metallum Album* estuvo colérico.

El caballo se traga la cólera por ser un animal de modo presa cuya inteligencia está dirigida a sobrevivir. La represión de la cólera o el malestar desequilibra, pues si no puede expresarse va a un lugar más profundo.

Si ha tenido malas experiencias y se sometió tuvo que hacerlo a expensas de algún daño físico o mental.

Cuando aparecen síntomas de rebeldía junto con síntomas de mejoría física después del medicamento homeopático es un buen pronóstico porque indica una liberación de energía guardada que enferma al animal. Normalmente encuentran un equilibrio nuevo y sano en pocos días.

Al mismo tiempo que tomó *Metallum Album* empezó a dormir afuera, y eso lo ayudó mucho. A los tres meses se había recuperado casi por completo. Lo veía de seguido y cada tanto lo reforzaba si el clima o la llegada de otros caballos lo afectaban. Mientras lo atendí galopaba, llamaba a las yeguas, había engordado y su capa lucía muy bonita. Llegó a saltar más de 1,60 m para ir al corral de las yeguas. La gente del lugar fue parte fundamental en el éxito del tratamiento.

Marsellesa: una historia breve

Marsellesa era una yegua colorada que tenía un absceso en el bazo. Estos eran sus síntomas: materia fecal seca, piel muy sensible, estaba inquieta y los humanos que la rodeaban no la entendían y les costaba relacionarse con ella. Se entiende que tuviera un absceso en el bazo pues este está relacionado con la inmunidad y la producción de sangre. El contexto no era el mejor para esta yegua tan sensible.

Prescribí *Hepar Sulphur,* que en aproximadamente 12 días ayudó a externalizar la disfunción en forma de granitos tipo pápulas y bultitos de 5 a 6 cm cerca de la región externa del bazo, además de picaduras de mosquitos en el cuello.

Su responsable llamó para decir: «Está re-bien».

Fui a verla por segunda vez. Si bien la encontré más tranquila, me llamó la atención el grado de lordosis de su columna.

En la primera etapa, lo primero que mejoró a través de la depuración que hizo con los granitos y pápulas fue disminuir la inquietud y rigidez que padecía. Entonces pude enfocarme en la columna, que bien podría influir en la lesión que tenía en el bazo, pues la función de los nervios periféricos que lo informan podría estar alterada por la lordosis. En esta etapa también había mejorado la materia fecal, que ahora era más verdosa y menos seca.

Las glándulas parótidas se inflamaron un poco, lo que también podía ser una agravación homeopática. Es decir, un intento del organismo de sacarse el desequilibrio de encima.

Era un caso difícil, porque había un ambiente hostil en torno al tratamiento, con interferencias y falta de confianza. Un trabajo de mucha paciencia y fe.

En enero del 2007 escribí en su ficha: «Ya no tiene granos. Disminuyó la inflamación de las parótidas. Está inquieta nuevamente, tal vez porque está por entrar en celo. Está comiendo arena. Sin embargo, la columna está más elongada. No me habían comentado que había tenido naviculitis, lo que podría explicar el estado de tensión general y compensación».

La naviculitis,es la inflamación de un hueso sesamoideo que se encuentra debajo de la tercera falange. Es una zona sufrida, sobre todo cuando no están bien herrados y no se tiene en cuenta la funcionalidad del casco.

En esa época conocí otro aspecto suyo, pues observé lo pulcra que era, ya que no le gustaba ensuciarse con el barro. Lo comprobé cuando la llevé a una pista cubierta con suelo de arena, pues saltó por encima del charco.

A mitad de mes volví a verla; había dejado de comer arena. La trabajé a la cuerda en un corral redondo para ayudarla a soltarse y para que su cuidadora, que estaba aprendiendo a saltar y estar con caballos, pudiera relacionarse con ella.

Era una yegua delicada con la que había que tener un vínculo real y sincero, sin fuerza ni hostilidad. El foco del trabajo fue que aflojara la articulación escápulo-humeral.

Siguió con *Hepar Sulphur* en otra dinamización.

Es complicado trabajar con una medicina holística en lugares de poca apertura mental.

De todos modos estaban contentos porque estaba saltando y había ganado varias pruebas de su categoría. Antes del tratamiento no lograban saltar con ella. Comenzó el adiestramiento ese año, disciplina excelente para ella y para su amazona.

La vi a los seis meses de comenzado el tratamiento, después de que tuviera un accidente y hubiera sufrido una intoxicación. Se había escapado y golpeado. Estaba con miedo de los caballos que pasaban cerca, pero me pareció que el miedo era más de su amiga humana.

Aun así estaba «ganosa» y salía jugando después de saltar. Estaba depurando el pulmón a través de un moco semitransparente que hacía gracias a la terapia corporal.

En aquella oportunidad volvió a tomar *Hepar Sulphur,* junto con una rutina de masajes en la cara, el cuello, el borde anterior de la paleta y a los lados de la columna.

Estos son los síntomas y temas con los que trabajé durante su proceso de sanación:

- Deseo de arena.
- Deseo de cal.
- Bazo agrandado e inflamado.
- Absceso del bazo.

Creo que Marsellesa necesitaba otro medicamento y más trabajo corporal y comunicación.

Lamentablemente, la falta de permeabilidad del contexto impidió la continuación de la mejoría que hubiera podido tener la yegua.

Es necesario tener capacidad para comprender qué es una crisis y cómo atravesarla, pues es parte de nuestro camino y de nuevas oportunidades. A veces se confunde crisis con peligro de muerte, y no es lo mismo.

La mayoría de los animales necesitan depurarse para estar mejor, y eso no quiere decir que estén al borde de la muerte. Las soluciones rápidas la mayor parte de las veces tapan síntomas, pero no curan y, cuando estos reaparecen, lo hacen con más intensidad y mayor dificultad para ser curados.

Prevenimos antes de las consecuencias del desarreglo. Estamos atentos a cambios sutiles en la manera de ser y obrar del paciente, observando con precisión el modo de resolver el desorden antes de que sea más grave y estemos en presencia de las consecuencias de una alteración lesional más difícil de resolver.

El aire y el viento, compañeros inseparables de los caballos

Este es el caso de Cata, un alazán espectacular que tenía siete años cuando lo conocí.

Familia de cimarrones. Fotografía de Juan Canale.

Los caballos pierden la conciencia del otro. Han sido tan invadidos en su vida diaria, pasando 23 horas en un box, que cuando están sueltos, si no se hace una re-educación pueden chocar con las personas que van a buscarlos. Justamente algo delicado en los caballos es el respeto de su espacio personal. Al no haber sido respetados en esa conducta social tan significativa quedan embrutecidos. De todos modos, en este sitio Cata pasaba el día suelto. Había ganado seis carreras en 2.000 metros a costa de romperse un ligamento de la mano. Era complicado hacer contacto con su cabeza, probablemente por la misma rudeza que había recibido. La cabeza, donde se ubica el cerebro y la información del sistema nervioso a todo el cuerpo, muchas veces es una región muy maltratada. Había sido semental hasta hacía un tiempo y tenía necesidad de arriar a otros caballos. El instinto seguía vivo. Había tenido el mal del oso, iba y venía, había roto de todo, pateaba alambrados y se lastimaba. Esta manera de lastimarse a sí mismo también revelaba lo que había padecido.

Algunos caballos destinados al deporte son destetados cruelmente mucho antes de realizar los rituales sociales de maduración y les cuesta seguir las reglas sociales de los caballos que las respetan.

Pude llegar a medicarlo con *Metallaum Album,* que le ayudó a mejorar. Aprendió a observar el ambiente, a enfocarse, escuchar. Parecía preguntarse, ¿quién se mueve? ¿Es un pájaro? Fue cambiando tanto que decían de él que era un amor. Se amansó. Los caballos son tan receptivos que cuando reciben lo que necesitan parece magia, como diría Nasrudín. Cuando dejé de verlo había mejorado un 75 %.

Todos los caballos dejan una impresión en mí. Cata dejó en mí una sensación de alivio al verle mejorar durante el tiempo que pude atenderlo.

Criollos en la estepa. Ilustración de Elisa Trevisán.

CAPÍTULO 9

La fe
Indra, Jachela, Gilda, Khan, Milla

El destino continúa, pero de ningún modo abandones tus propias intenciones, porque si tus planes coinciden con la Suprema Voluntad alcanzarás la plenitud de realización para tu corazón.

Anuar Suhaili

Dos son uno. Fotografía: Martín Hardoy.

La fe es acción y entendimiento desde mi experiencia. Por esta razón me enfoco en conocer a mi paciente caballo o yegua a lo largo del tiempo, en el día a día, en los vareos, en la carrera, en el box, en su relación con el peón. Me interesa saber cómo come, qué es lo que más le gusta, cómo toma el agua, si deja de tomarla. Pues con el tiempo se obtienen más datos, algunos más particulares y otros más generales. Así se perfila la personalidad del animal y se puede observar qué es lo que se mantiene en el tiempo –ya sea problemático o no–, y qué síntomas o características aparecen y desaparecen. Y puedo ser parte de su proceso en cualquier momento del mismo.

Presto atención a las expresiones de los caballos, pues son comunicaciones que pueden manifestar distintos estados. Por ejemplo, lo que aparece como irritabilidad se puede deber a susto y haga que ante lo que le produce temor reaccione con irritabilidad.

¿Cómo nos comunicamos para encontrar la mejor terapia? Estudiamos las expresiones físicas, mentales, anímicas, energéticas, lo que nos llega al corazón, lo que intuimos, lo que leemos en libros de clínica, de homeopatía, de comunicación.

Indra antes de enfermarse. Fotografía: Paula Carreño.

Indra llegó a mi vida por mi primer libro, que me sigue acompañando con lealtad. Y porque necesitaba una atención que la ayudara a superar la oscuridad. En mayo de 2005, su amiga Paula había leído *Relinchos y susurros,* y me preguntó si me animaba a ir a ver a su potranca, overa colorada, malacara, de dos años y medio, que estaba con arpeo desde hacía varios meses, empeorando día a día, sin resultados con los tratamientos realizados hasta ese momento.

Indra vivía en un campo en la localidad de Sierra de los Padres, provincia de Buenos Aires. En febrero comenzó con síntomas de arpeo.

Así relataron estos sucesos: primero notaron un bulto en dorsal y lateral del tarso derecho. Pensaron que había sido una patada. La sacaron del campo, la llevaron a un pequeño potrero. Tuvo distintos tratamientos y estudios y mejoró un poco el miembro posterior izquierdo, pero el derecho quedó como en bola con el nudo hacia proximal, luxado.

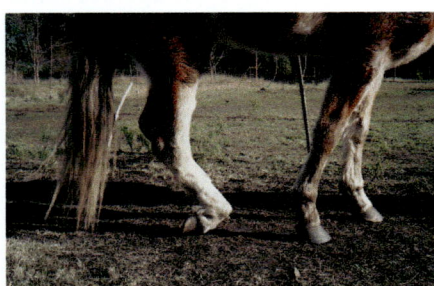

Flexiona las patas de modo involuntario. Fotografías: Paula Carreño.

En referencia a su forma de ser, comentaron: «En la manada es la más sumisa. Agacha la cabeza o sale corriendo. Siempre es cariñosa, buena. Con su amiga Blackie busca jugar. Inicia el juego pero es tímida. Es de tener un solo amigo. No se mete con los demás. Es muy pancha, va última cuando mueven al grupo, caminando pausadamente sin correr. Era muy tranquila cuando estaba con su madre. Es muy raro que corra».

Come tranquila. Según otra amiga humana dejó de seguirlas y mostró cambios al destete. Responde al nombre y va a buscarla. Es la única que reconoce el auto y se acerca, con tranquilidad y relinchando.

Estaba con peladuras de la piel provenientes de la excesiva humedad y las bajas defensas. Le costaba caminar, pues por la dificultad en los músculos flexores no podía usar sus patas normalmente ya que se flexionaban mecánicamente y, al querer caminar, se le iban hacia el abdomen, golpeándolo. Era como una parálisis.

Indra vivía a 450 km de mi hogar. Estaba grave, necesitaba hacer un tratamiento adecuado a su situación. No teníamos WhatsApp en esos días y en ese contexto nos asistió una veterinaria de la zona.

Existe una autovacuna llamada *Autonosode,* que se hace con el mismo material orgánico, de modo que se envió sangre a la farmacia homeopática para prepararla. Además indiqué *Natrum Muriaticum* como medicamento constitucional y continuó con infiltraciones de Vit. B1B6B12 con procaína en la grupa y región posterior de las patas para mantener en el mejor estado posible su estructura muscular y del sistema nervioso.

La veterinaria asistente escribió a los 4 días de comenzado el tratamiento: «Está mejor. Está nuevamente con su amiga, quiere jugar».

Este es un detalle a tener en cuenta, ya que, por desinformación, existe la creencia de que la homeopatía es lenta. Agregué *Lisado de médula* para fortificar su sistema nervioso, ya que esta enfermedad produce una desmielinización de los nervios periféricos. Seis días después otro correo decía: «Hoy fui a ver a Indra; está un poco mejor que la otra vez que estuve por allí. Apoya mejor la pata derecha y está más relajada, tiene la columna un poco más elongada, camina más, no está tan tensionada, con los masajes se relaja mucho, está muy animada». Todo el contexto veía esta buena evolución y observaron que el *Autonosode* mejoró su ánimo, pues comenzó a moverse de un potrero.

Fue un proceso dinámico. Por momentos se paraba mejor, sus manos estaban un poquito más alejadas de sus patas, con lo cual curvaba un poco menos la columna. De todas formas pasaba tiempo echada. Aunque caminaba un poco más, flexionaba menos las patas al hacerlo, estaba un poco más alerta, activa, no tan pasiva. Se defendía un poco si le molestaba el pinchazo de la infiltración y le agradaba el masaje en la región posterior. Había tenido olor fuerte en la piel, que fue disminuyendo con los días. Poco a poco sus patas iban mejorando, se levantaba mejor del suelo y se iban deshinchando, aunque faltaba mucho para que las tuviera normales. También se iba estirando, caminaba más, tenía menos gases.

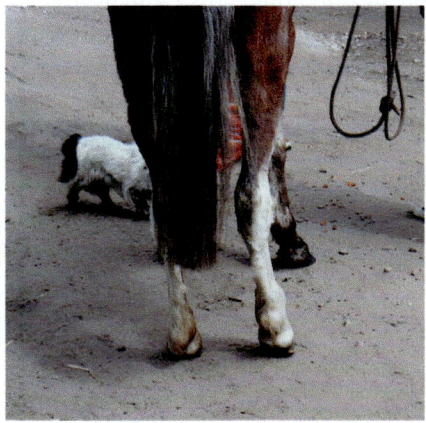
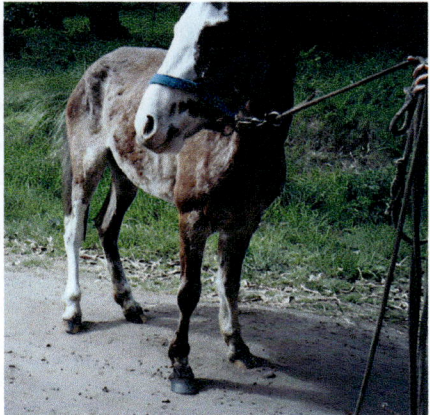

Poco a poco la articulación metatarso falangeana, es decir, el nudo, va recuperando su posición. Fotos: Paula Carreño.

A pesar de que iba mejorando, algo faltaba en su recuperación. Faltaba ese detalle que uno nota cuando hay un buen proceso de curación. Volvió a tener borborigmos audibles y el abdomen hinchado, algo que me preocupó por la posibilidad de que tuviera cólicos. Al estudiarla nuevamente llegué a *Stannum*, un remedio que se origina del estaño. En aquellos días también había organizado una fisioterapia de movimiento y la peona la hacía caminar cada vez un poco más. También la llevaba a pastorear, actividades que orienté a la sensación de salud.

En esos días milagrosos Paula escribió lo que sigue: «Espectaculares novedades en realidad. Indra camina a tiro, corrido, se embala y, si no te apuras, te pasa por arriba. No sabes lo emocionadas que estamos. Hacía meses y meses que no la veíamos caminar así. Eli le hace caminar unas dos cuadras aproximadamente. Ruidos en la panza no escuché demasiados, creo que los normales, supongo que entre los globulitos y que está comiendo ahora gran parte del día, su sistema digestivo se está regularizando. En cuanto a su nudo, lo veo mejor y en un par de ocasiones enderezó la pata sola, parada y acostada también. Seguramente el ejercitar le esté haciendo recuperar la articulación. En el pequeño paso te das cuenta de que todavía no coordina completamente (es ínfimo a esta altura). La frutilla del postre, y por eso lo dejé para el final, es que Indra salta las canaletas y salta para subir desniveles. ¡¡¡¡No es maravilloso???? Sigue flaca».

La veterinaria asistente estaba asombrada y escribió esto: «Anahí: hoy a la mañana fui a ver a Indra; la verdad que es bastante asombroso el cambio que ha hecho desde la última vez que la vi; camina muchísimo mejor, casi no se engancha, está mucho más alerta. No se escuchan ruidos intestinales fuertes como antes, posiblemente porque pasa más horas pastoreando, antes prácticamente comía solo fardo porque no había mucho pasto donde estaba. La infiltré y reaccionó mucho más que la última vez (algo se enojó). Noté en la piel algunas cascaritas secas, como si se hubiera estado rascando en la zona dorsal del cuello, donde nace la cola y alrededor de esta, en las patas bien arriba en medial y muy poquitas en el lomo. ¿Esto puede ser consecuencia del remedio que tomó?».

Le comenté que los síntomas en la piel podrían deberse a una depuración del organismo, estimulado con la fuerza del Stannum, que estaba ayudando a sacar la enfermedad por la piel.

Y el enojo durante la infiltración también fue significativo, porque indicaba que iba recuperando sensibilidad.

Fui a verla unos ocho meses después de la primera consulta. Había mejorado un 80 %, su pelaje estaba más bonito, la piel suelta sin la tensión que tenía por dolor. Respondía mejor a los estímulos, había recuperado peso, caminaba mejor, estaba vivaracha; la primera vez que la vi estaba como dormida. Faltaba poco para que terminara de estirar los ligamentos y tendones. Repetí *Stannum* en otra potencia y unos meses después estaba regordeta, comunicativa, había vuelto a relinchar, su pelaje brillante y por fin había empezado a amenazar con patear.

Pude verla nuevamente y dejé una serie de ejercicios:

- Que la tocaran suavemente detrás de las patas para estimularla.
- Que la felicitaran cuando se parara equilibrada sobre los 4 miembros para que recordara cómo era estar bien balanceada.
- Caminar por distintos tipos de suelo: barro, suelo duro, suelo con material, para estimular la propiocepción.
- Subir y bajar por distintos tipos de suelo, por canaletas, para estimular la musculatura, los tendones y las articulaciones.
- Caminar en zigzag para estimular la flexión lateral de la columna.

Unos meses después comentaron: «Estuvimos haciendo los ejercicios. Ayer lunes, cuando la fuimos a ver a la mañana, Indra estaba parada normalmente sobre sus cuatro patas. Si bien todavía tiene el nudo del MPD hinchado, cada vez lo está menos; tiene la pata bien colocada. Camina normalmente. Cuando se cansa le tiembla bastante, así que le dejamos descansar. El sábado, ¿adivinen qué?: hizo un galopito corto detrás de Frida, mi yegua zaina; le relinchaba y también pateó un par de veces con ambas patas. Es increíble todo lo que ha mejorado en estos últimos días. Su ánimo es genial».

En el estudio del *Stannum* encontré que podía tener parálisis por golpes y también por miedo, dislocarse y agotarse. A nivel abdominal tenía tendencia a fermentación, algo que Indra mostraba a través de sus ruidos abdominales. Podía quedarse quieta por timidez.

Acompañamos el estudio con un estudio del equilibrio químico de metales comunes, oligoelementos y metales pesados. Lo hicimos en *Trace Elements* de Estados Unidos, estudio que mostró la presencia de aluminio y molibdeno, y relaciones químicas muy desequilibradas.

Pudimos deducir que el excesivo uso de metales pesados en la agricultura, que está intoxicando la tierra y el agua, podía haber influido en la situación de Indra.

Aprendí con Indra y sus allegadas humanas a tener fe en el sentido de alimentarla. Las chicas confiaban en mí. A mí no me es tan fácil confiar si no me siento bien enfocada en el tratamiento. Pero había algo que nos llevaba suavemente, sin interferencias, con seriedad y perseverancia. Fue como una escalera; cada peldaño nos informaba acerca de algo que aprendíamos a leer y tomar en cuenta. Indra vivió varios años más, siendo cuidada y querida. Y me siento favorecida por haber sido parte de esa situación.

Jachela se irritaba y quería jugar

Jachela, una yegua colorada, purasangre de carrera, de 4 años, había ganado una carrera de 1.600 metros y en la última había llegado a unos cuatro cuerpos. Empezaba a varear después de un descanso de diez meses, pero sangraba por la nariz, razón por la cual me consultaron.

Contaron que: «El vareo es suave, ella es voluntariosa y obediente, pero a veces es medio loquita y retoza o se enoja por los ruidos y el paso del tren. Come de todo y muy bien».

A mí me pareció juguetona, algo curiosa; necesitada de contacto, como casi muchos de los caballos de carreras. Tenía un dolor en el músculo semitendinoso derecho, calor en los cascos de la mano izquierda, que podía deberse al nuevo herrado, pues había estado mucho tiempo sin herrar. ¡Qué lástima que le pusieron herraduras! Se mostraba cosquillosa, movediza, bajaba las orejas, movía con brusquedad la cola, mostrando una molestia en el medial de la babilla izquierda. Y estaba irritada y molesta con las moscas.

Como me interesa la integración con lo anímico y lo mental escribí que parecía que no toleraba la contradicción, que se irritaba con lo que la molestaba. Me pareció muy inteligente, con gran necesidad de apoyo para poder confiar.

Me interesa entender la conducta para encontrar el tratamiento adecuado a la situación del animal.

Si soy capaz de entender cómo reacciona ante las distintas situaciones en las que se encuentra podré enfocar mejor el tratamiento. A esto también le llamo fe, al entendimiento profundo de lo que el animal manifiesta. A tener las herramientas necesarias para su bienestar dentro de los límites de la situación.

El tratamiento necesario para Jachela debía tener en cuenta los síntomas del sangrado por la nariz, así como su irritabilidad y falta de confianza, y la necesidad de jugar.

Tomó un medicamento llamado *Chamomilla* y, si bien estaba mejor, aún tenía tos. Un electrocardiograma reveló que no tenía signos de alteración cardíaca, pero tenía moco en el pulmón. Estos síntomas de moco en el pulmón y tos podrían reaparecer en el box, por la cama, el frío o por haber estado ocultos.

Si el remedio homeopático funciona de manera curativa expulsa los síntomas viejos hacia fuera y entonces corresponde diferenciar si lo que está ocurriendo es una reactivación de un proceso antiguo o si es un proceso nuevo o una situación secundaria.

Como había comenzado su entrenamiento más fuerte pude observar que temblaba cuando iba a los partidores y cuando veía la cancha, pero una vez entraba en esta se calmaba. Cada día se iba acostumbrando más a la vida del *training*.

Estaba un poquito mejor, con mejor peso y había corrido bien cuando volvió a hacerlo, pero terminó con dolor en el ligamento suspensorio de la mano derecha. Jachela no se sentía a gusto en el hipódromo, sangraba por nariz y además tenía sangre en el pulmón. Observé que tenía miedo al ruido, vi cómo la excitación la afectaba y lo temblorosa y nerviosa que se ponía, con disposición a sudar durante el ejercicio. En ese momento, cuando me comuniqué mejor con ella, apareció la *China,* que espejaba aquel estado de miedo, enojo, epistaxis y sangre en el pulmón.

Después de recibir *China* comenzó a soltar moco transparente por el ollar izquierdo. También vareaba y quedaba mejor después de las carreras. Disminuyó la frecuencia cardíaca, que había ido en aumento después del esfuerzo y a los 15 días le realizamos otra endoscopia para controlarla, que reveló que no tenía hemorragia ni sangre en los pulmones. Acompañamos el tratamiento con nebulizaciones de aceites esenciales de cedro, bergamota y eucalipto, alternando con mentol. Al mes siguiente se le realizó otra endoscopia, que de nuevo fue normal.

Cada vez corría mejor, sin síntomas respiratorios ni sangrado. Yo estaba muy atenta, pues para mí lo más importante era que dejara de sangrar y, en esta última etapa del tratamiento, entre la primera prescripción de la *China* y la segunda, apareció un estado de agotamiento con descarga de mucosidades, un estado de depuración. Aproximadamente a la semana comenzó a mejorar de manera permanente y suave. Su rendimiento también fue mejorando en las carreras siguientes, pero no a costa de su salud, sino aprovechando su verdadero potencial. Esta fue la experiencia vivida con Jachela. Mi fe estuvo al servicio de su salud.

Gilda, la de los pocos síntomas

Gilda era una yegüita zaina colorada, de 1,50 m de alzada. Estaba tan tiesa que su amiga humana pensaba que no tenía posibilidad de recuperación. Caminaba dura, rígida, tensa. El movimiento de sus miembros posteriores era muy cortito y no avanzaba. Durante la conversación, su tutora recordó que había sido tratada por cólicos renales, lo que realmente podría explicar el movimiento tan rígido de la grupa. La describió como solitaria, con aversión a la cercanía, que se enojaba cuando se le acercaban tanto los caballos como las personas. Se ponía inquieta y molesta cuando la revisaban. Su pelaje estaba descolorido.

Su amiga humana la «mimaba demasiado», no la guiaba con claridad y convencimiento, algo que a los caballos les produce ansiedad. El día que la vi por primera vez le mostré cómo guiar a su yegua para que ambas estuvieran tranquilas.

Simplemente caminar con seguridad y mirando a donde ir, con la energía hacia adelante, imitando si se quiere a una manada que camina por el campo. Siempre hacia adelante.

Si la yegua se detenía, desde la diagonal la invitábamos a continuar el camino. Y haciendo unos círculos a un lado y al otro se puede ordenar la energía del animal, y la humana también. Estos ejercicios imitan al lenguaje equino. Nos sincronizamos y movemos como uno.

Al mejorar este aspecto pudo relajarse, confiar y fui capaz de trabajar donde necesitaba, la zona posterior, las diagonales, la tensión en general. Era bastante inquieta, pero después de haber caminado juntas y en contacto con algunos puntos de relajación en la cruz, la paleta y el posterior fue relajándose. A los pocos días habían mejorado tanto la motricidad como su carácter.

Aunque parezca sorprendente, el hecho de que algunos síntomas reaparezcan es parte del proceso para que el cuerpo se vuelva a equilibrar. Es positivo observar cómo evoluciona el tratamiento antes de darse prisa en medicar.

Los caballos mejoran cuando pueden comunicarse, encuentran quien los escucha y comprende. Comunicarse en este caso significó no solo el contacto físico, sino también recordar ciertas reglas sociales, como no invadir ni amenazar sin razón y tampoco alejarse huyendo. Hubo que encontrar un equilibrio entre estas dos reacciones mecanizadas.

Trabajaba a la cuerda más suelta, bajaba más la cabeza y comenzaba a alargar el lomo, usando mejor los miembros posteriores.

Durante este período recibió *Dioscorea*, medicamento homeopático que cubre los síntomas de dolor renal que se extienden a las extremidades posteriores. Y me llamó la atención en lo clínico la concordancia de la *Dioscorea* en los temas de lumbago, cólico renal, ciática, irritación espinal. Una de sus indicaciones es para los cólicos renales, que mejoran y empeoran con el movimiento. En la mente *Dioscorea* tiene aversión por la compañía.

Hasta ese momento orinaba solo dentro del box. Pero tras el tratamiento comenzó a hacerlo fuera. Tal vez se animó a orinar fuera por sentirse más segura y porque pudo dejar sus señales y dejarse conocer a través de ellas.

He observado este comportamiento en cachorros de perro de apartamento, muy temerosos, que al curarse se animaron a orinar fuera de sus casas.

A los tres meses de comenzado el tratamiento estaba mucho mejor, más atenta, conectada e interesada en relacionarse. Me buscaba cuando llegaba a donde estaba atada. «Más entendida», como dicen en el campo, aunque aún no se estabilizaba. Su paleta izquierda mejoraba y su miembro posterior derecho empeoraba. Así iba mejorando como en zigzag. De esto se trata si se busca curar para que dure y no para «zafar».

Tres meses una vez comenzado el tratamiento. Foto: Anahí Zlotnit.

Cuando se busca la verdadera curación lo importante es el camino y una curación duradera. Por lo tanto no es un camino recto. Cada caso tiene su propia evolución. La confusión aparece cuando pretenden que se resuelva en un mes lo que durante años no pudieron solucionar.

Así que para los veterinarios holísticos es un trabajo de mucha paciencia acompañar a la gente acostumbrada a «una buta y seguimos adelante».

Es posible que Gilda tuviera dolor en el riñón derecho; esto lo sentí a partir de sus reacciones durante el contacto manual en esa región. Sin embargo tenía ganas de retozar y, aunque seguía durita, se soltaba más. Continuamos con el tratamiento y cada vez estaba menos rígida, sin renguear. En una parte del camino estuvo eufórica, con la cola levantada corcoveando, pero tranquila tras el trabajo. Incluso más amigable y hasta llegó a ser montada por un niño de 8 años con quien anduvo parejita.

También había mejorado considerablemente su conducta. Se relacionaba mejor con su joven amiga y su entorno. Había entrado en celo estando en contacto con otros caballos, pero por falta de rituales sociales se había peleado con una yegua y quedó lastimada del miembro posterior; fue difícil separarlas. Como comentaba arriba, así es a veces el camino de la curación: días mejores y días peores.

Nos acostumbramos como un sauce a ir con el viento pero con la base fija, con un entusiasmo adecuado sin exagerar ni menospreciar.

Fue tratada con lo habitual y cuando me enteré de lo sucedido le agregamos *Arnica*.

Gilda saltando después de haber sido tratada y a pesar de que le habían dicho a su humana que era muy difícil que volviera a hacerlo. Nuestra convicción pudo hacer que llegáramos a buen puerto. Foto: archivo personal de la autora.

Khan casi se entrega

Khan era un zaino negro casi tapado, mestizo de percherón con purasangre de carrera de una alumna que lo tenía en un campo tradicional. Estaba muy mal. Claudicando notablemente. Muy reprimido. Manso y cauteloso.

El casco de la mano derecha tenía señas de infosura y el de la mano izquierda encastillado. Le tocó pasar por distintas manos abusivas y descuidadas. Había sido mal castrado, pues tenía la zona genital agrandada por haber sufrido durante la castración y el tejido superficial parecía una bolsa.

Cuando uno se acercaba, se quedaba quieto quieto. Mi sensación era que no quería hacer ningún ruido ni movimiento para evitar que le pasara algo. Ese animal había aprendido a quedarse quietito para evitar ser lastimado. Como si dijera: «No hago ruido, no estoy aquí, me hago invisible, así nadie me lastima». Esto es lo que venía a mi corazón cuando estaba a su lado.

Tenía una gran deformación en un ligamento y un fragmento óseo de 7 mm de ancho en el origen del suspensorio. Este era el diagnóstico: tendinitis del ligamento suspensorio superficial y profundo.

El caballo tenía tanto dolor que claudicaba incluso caminando.

Cuando lo revisé, le dije a su cuidadora: «Veamos qué dice nuestro amigo equino con este tratamiento para poder hacer un pronóstico».

Nunca ilusionar, pero siempre actuar con fe.

Los primeros días tomó antiinflamatorios homeopáticos: *Arnica, Ruta* y *Rhus Tox*, que lo ayudaron a relajarse y estar más flexible. Su amiga humana había estudiado conmigo unos meses, por lo que aprovechamos para dar unas clases con su caballo.

Recordé un medicamento de origen mineral, el *Phosphoric Acidum*, que ayuda a quienes quedan drenados y muy tristes cuando les exigen y maltratan. El caballo transmitía una falta de reacción a lo que le ocurría, como si se hubiera quedado sin energía. Estaba bloqueado, apático, aislado. No se juntaba con nadie en la tropilla.

En casos como este trato una vez por semana para asegurar que recibe la medicación y por los cambios de la luna, que me hacen pensar que debe existir una correlación entre cómo está esta y cómo va a actuar la medicina. Y así fue que, además de la toma que recibió de mi mano, obtuvo de la de su cuidadora una semanal, con el resultado de que al mes había mejorado un 40 %. Aflojaba menos la mano derecha.

El veterinario que venía tratándolo le veía físicamente óptimo, con mejor semblante. Y cuál fue la sorpresa al ver a Khan galopando hacia sus compañeros sin que nadie lo corriera, por su decisión equina de socializar. La deformidad del tendón suspensorio iba disminuyendo. Recibía masajes de su amiga humana, quien a la vez aprendía con él. Khan se estaba mostrando más y sin miedo, por lo que empezó a jugar con ella y le agarraba la chaqueta, algo que seguramente quiso hacer de potro y por lo que seguro que recibió un golpe como respuesta. Cuando ella lo masajeaba le gustaban más lo tocaran en la columna que en otros lugares.

Bajó de peso, estaba más estilizado. ¡La tan esperada depuración había llegado! Había tomado *Phosphoric acidum* en alta potencia y al mes apareció con llagas en el prepucio. Como no lo relacionaron con el medicamento homeopático le dieron antibióticos y corticoides. ¡Ayyyyy!

Lleva un tiempo el que las personas allegadas al animal se familiaricen con esta terapia. Acuden a lo que conocen primero que nada.

Es bien diferente a los perros y gatos o a los pájaros, que viven en el hogar con su familia humana, o los caballos de gente homeopatizada o que viven con ellos.

Sin embargo pudieron apreciar que el caballo andaba corcoveando y galopando. Incluso su piel se había sensibilizado, pues se estremecía como por cosquillas cuando lo montaban, como si fuera a corcovear. Esto podría haber sido por alegría. Nunca tiró a la joven mujer que lo tenía, pero se notaba que estaba lleno de vida.

Una vez pudieron montarlo durante media hora, momento en que el colega que le venía atendiendo le dio el alta. Estaba sin dolor, fuerte, trotaba sin aflojar, con la mirada más vivaz.

Este es un caso en el cual se usaron las dos medicinas, pues durante un tiempo recibió un analgésico y un antipirético inyectables y fricciones. Incluso cuando comenzó el tratamiento holístico estaba con dos pastillas diarias de fenilbutazona y ducha, que suspendieron cuando vieron mejoría con la medicación homeopática.

Cuando conocí a Khan estaba inactivo, apático, quieto; transmitía la sensación de que no quería hacer más esfuerzo por vivir. A pesar de que lo vi tan triste siempre tuve fe de que podría mejorar. A veces son los propios caballos los que me comunican sus ganas de vivir. Otras veces son sus allegados humanos, que contagian sus ganas de ver bien a sus compañeros equinos. En ocasiones me encuentro en el desierto sintiendo que algún animal que se encuentra en muy mal estado puede curarse.

Khan necesitaba una atención de más presencia. Había quedado afectado por su vida pasada y los cambios los vivía con tristeza, como cuando murió su amigo equino Facundo. Hay caballos que necesitan más atención que otros.

Milla

Como invitando a lo desconocido, a lo que la neblina no deja ver. Fotografía: Adriana Bellotti.

Termino este capítulo recordando a la hermosa yegua negra, Cuarto de Milla, llamada Milla, que estaba en un centro de rescate y rehabilitación, en el cual estaba siendo tratada con sumo cuidado y entrega por una lesión grave en una mano. Aunque algunos profesionales opinaban que había que eutanasiarla, la responsable del lugar estaba tratándola, de manera que la yegua se iba recuperando. Me tocó verla un día que pasé por ahí y le vi el ojo derecho hundido. Hice una sugerencia para ayudar tanto a la lesión de la mano como a ese ojo hundido. Recibió *Phosphorus* y una técnica manual alrededor del ojo. ¿Cuál fue la sorpresa tres meses después cuando me dijeron: «Milla recuperó el ojo»? Efectivamente, el ojo estaba casi normal. Y razonando su proceso, al ser una estructura con tanta agua, dado que en la estructura interna del ojo se encuentra el humor acuoso, los masajes y el *Phosphorus* ayudaron no solo a recuperar el nervio ocular, sino también la estructura interior.

La fe estaba en todo el ambiente.

Entonces, ¿qué es realmente la fe?

En mi experiencia la fe es un camino. Una herramienta que hacemos funcionar en cada detalle, cada intención, cada paso, sin ilusión, con foco y realidad.

La palabra fe proviene del latín «fides», que significa lealtad, fidelidad. También tener confianza plena en algo. En mi caso en la luz, en lo positivo y en la lealtad. Es un principio de acción y poder. Y sobre todo de entender que Dios es quien cura y que en ese devenir yo puedo ser un buen canal para la acción de la energía curativa.

Como siempre, un cuento del famoso personaje Nasrudín ilustra este tema de un camino:

Cuentan que Nasrudín era muy despistado. En una ocasión, viajando en tren, el revisor le pidió el billete. Nasrudín empezó a buscarlo por todos los bolsillos sin encontrarlo. Se estaba poniendo cada vez más nervioso. Entonces el revisor le dijo:

—Tranquilo, no se inquiete, que no le haré pagar otro billete.

—No es pagar lo que me inquieta —repuso Nasrudín—, lo que me preocupa es que he olvidado a dónde voy.

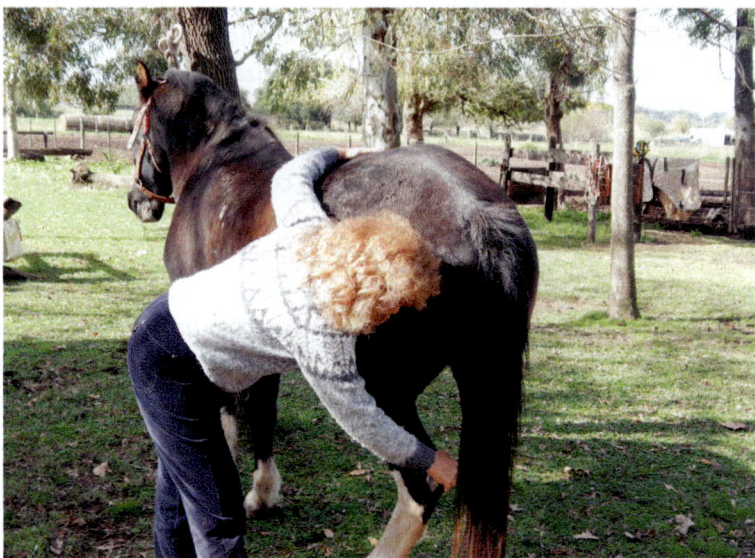

Nuestra convicción hace que superemos la falta de confianza. Fotografía: Tamara Espósito.

CAPÍTULO 10

«¡Quiero vivir mi vida!»
Suits Me

ste fue mi primer «caso a distancia». Suits Me, un caballo de carreras de 18 años, estaba manifestando un dolor muy profundo.

Como sabemos, los caballos necesitan deambular en grupo por grandes espacios, y si esto no es posible, al menos que puedan vivir sueltos.

A muchos caballos como a Suits Me el vivir encerrado le estaba matando.

Tuvo su primer cólico después de un viaje de más de 11 horas a Dallas, para la primera competición. Encierro, falta de movimiento y de aire. Fue operado a las 3:00 h y el cirujano encontró impactación del intestino delgado en el yeyuno medio con adherencia omental, eosinofilia multifocal, arterioesclerosis focal marcada por la cicatrización de estróngilos, y cicatrización del borde antimesentérico. La cicatriz invadía el 50 % del diámetro del intestino delgado.

Al tiempo repitió otro cólico muy doloroso después de un frente en tiempo caluroso. Fue una obstrucción del colon menor con mucho gas, que se resolvió con 90 litros de fluidos endovenosos durante la noche.

Hago el relato en presente: «Su tutora vive en Nueva York y es amiga de una amiga mía que vive en Londres. Suits viene sufriendo de cólicos de repetición desde hacía más de dos años, razón por la cual ha sido operado varias veces, pero cada vez está peor. La mujer está desesperada y no sabe cómo continuar con el tratamiento. Nuestra amiga en común le sugirió hacer una consulta conmigo vía *e-mail*».

Suits Me y su tutora en esos días oscuros

«Suits Me está con úlceras en encías, estómago y colon, depresión, falta de ape-tito y cólicos leves. Tras cada cirugía, el cuadro se agrava. Lame la empalizada y come piedras. Las úlceras fueron vistas después de que una veterinaria intentara sacrificarlo un domingo durante varias horas. Además, tiene infección en la heri-da de la última operación y en los senos maxilares caudales. Ayer le trepanaron un seno para limpiar la cavidad».

El cólico que me describen en ese momento era de impactación, en el cual los alimentos no circulan normalmente, se produce un atascamiento. Estas ciru-gías fueron enterotomías con consecuencia de infecciones en las cicatrices y ad-herencias que impiden el fluido movimiento de las fascias interiores, generando cada vez más incomodidad y malestar.

También sabemos que el exceso de químicos produce una enfermedad secundaria.

Con Suits Me.
Foto: Danae Spackey Van Bortel.

Lo mediqué en el primer contacto, pues era una emergencia, con *Flores de Bach*, que lo ayudaron a dar un primer paso a la curación, pues evidentemente el caballo estaba sufriendo desde hacía mucho tiempo. Y, para colmo, quisieron eutanasiarlo durante horas, cuando por suerte llegó la cuñada de Danae, su tu-tora, quien impidió esa brutalidad... Y Suits Me quiso seguir viviendo. Así que las flores ayudaron a disminuir la tensión, el dolor, el estrés y la negatividad que estaba recibiendo en ese espacio.

Acompañé con *Calendula* y *Pyrogenium*, dos medicamentos homeopáticos con profundos efectos post-cirugía, pues facilitan la recuperación por actuar como desinflamatorios y antisépticos. Estos desintoxicaron y liberaron el trauma físico, mental y anímico tras cinco cirugías, así como el de trepanación. Al día siguiente había empezado a comer, con lo que pudieron suspender el suero, al tiempo que su mirada fue haciéndose menos opaca y sufriente.

Desde el principio indiqué unas técnicas manuales específicas para aliviar los dolores y para los caballos con tendencia a los cólicos, que consisten en tomar las orejas suavemente con la mano, haciéndolas girar hacia un lado y luego hacia el otro, con una suave tracción, sintiendo como si se despegaran un poco de la base.

Desde la perspectiva de la medicina oriental, en las orejas hay microsistemas, por lo que esta técnica ayuda a relajar las fascias interiores que rodean el estómago y los intestinos, así como las adherencias provocadas por cólicos y cirugías. También sugerí que se trabajara un punto del canto interno del ojo y un punto del estómago que es el comienzo del canal de vejiga, que funciona aliviando dolores y estimulando el elemento agua.

Mediqué por la situación para ir avanzando y dar tiempo a encontrar manifestaciones más claras para encontrar un remedio más afín al animal. Encontré que gustaba de alimentos indigestos y cosas extrañas.

Un remedio llamado *Plumbum* me llamó la atención, porque sufre de impactación, úlceras y le cuesta aceptar los límites. Cuando hice contacto con él se estaba rebelando como podía; debía tener mucha fuerza para no morir a pesar de lo que le habían hecho. Mi intuición me llevó a pensar que tanta necesidad de expresarse a través de los cólicos tenía que ver con una necesidad profunda de superar ciertos límites, pues sufría muchísimo el estar encerrado, más que otros caballos, y solo mejoraba un poco cuando estaba suelto.

Fui conociendo a este hermoso caballo en los intercambios de correo diarios. Danae comentó: «Me hace recordar a esos viejos cascarrabias que parecen muy fuertes física y emocionalmente, pero que internamente son muy sensibles, cuidadosos y gentiles. Aparentemente fuerte pero emocional y sensible. Es muy bueno con los niños, pero ahora le cuesta hacer nuevos amigos.

Parece que tiene miedo porque perdió a su compañero, que murió de cólico hace 3 años. Suits Me le vio sufrir toda la noche. Como la mayoría de los caballos es feliz cuando puede pastar.

Le gusta estar con su humana y recibir zanahorias, pero no que le anden encima. Le gusta que lo limpie, pero tiene varias zonas sensibles: donde va la cincha, los miembros anteriores y las paletas. Amenaza con morder, y muerde si lo limpian en esas zonas. Tal vez le duele o lo trataron con rudeza.

No le gustan ni la multitud ni los alborotos. No le gusta trabajar en la pista cubierta ni en la no cubierta». Este podría ser un síntoma de *Plumbum*, que no soporta los límites. «Le gusta ir al parque, pero es difícil mantenerle tranquilo». Esto puede ser porque tal vez no fue bien educado, pero también puede tener relación con su forma de reaccionar o susceptibilidad.

En este relato apareció un antecedente significativo para comprender profundamente a este caballo.

Pasaba gran parte del día masticando la puerta, hábito obsesivo compulsivo o estereotipia que algunos caballos tienen por aburrimiento y gran frustración por no poder moverse, vivir en grupo, socializar y realizar sus rituales.

Un pobre manejo alimentario empeora esta conducta.

«El animal muerde las puertas del box o las cercas del potrero, lleva aire al esófago, apoya con fuerza los dientes superiores sobre la cerca, la tranquera o los postes, tensa el cuello y los músculos faciales, retrae la laringe».

Intento detener el hábito con un collar especial sin resultados, medida que en general no es funcional. Vengo observando una relación entre los caballos que muerden la madera y otros materiales y las dificultades en el sistema digestivo, como las úlceras. Algo así como si el caballo quisiera aliviar una sensación de calor o ardor en su interior. Creo también que tiene que existir una relación con el elemento predominante en cada caballo, tierra, fuego, madera, metal o agua.

Había estado suelto una época con una yegua de la que se había hecho amigo, pero la yegua se fue.

Descripción de los cólicos

Cuando tiene cólicos se deprime mucho y se pone muy triste. Necesita compañía y acepta los cuidados de su humana.

El primer signo de cólico que tiene es el Flehmen. Después se mira el ombligo. Manotea. Si el cólico persiste y se agrava se estira como un gato. Manotea violentamente. Se tira al suelo y rola. Tiene poca sed.

Con el tiempo comenzó a tener cólicos leves frecuentemente y usualmente asociados con el heno durante la comida principal. Dos veces tuvieron que administrarle fluidos.

Observando la dinámica del tratamiento, me llamaba la atención el que en ningún momento se plantearan actuar etológicamente, mejorando la calidad de vida, el manejo alimentario, la comunicación, atendiendo a la susceptibilidad que Suits Me mostraba. Seguían tratando la enfermedad física, solo los síntomas, pero no al enfermo. El desequilibrio se hizo cada vez más profundo, con mayor frecuencia y gravedad, hasta llegar a una torsión del colon. Era obvio. No le estaban escuchando.

¡Quiero vivir suelto! ¡Con amigos! ¡Quiero caminar, pastar a mi aire, jugar, revolcarme, ser equino!

Con el tiempo pude conocer mejor su dificultad para socializar. Danae relató que Suits Me llegó a su vida al mismo tiempo que Zach. Vivían al lado, andaban juntos y viajaban los dos en el tráiler.

> **Los caballos hacen amistades íntimas y profundas, y sufren mucho cuando las pierden. Para algunos se hace más difícil que para otros superar esas pérdidas.**

Cuando su amigo Zach estaba enfermo, Suits Me se mostraba irritado y con mirada preocupada, y cuando Zach murió, Suits Me quedó muy estresado, no permitía que Danae se acercara, le quería morder. Aunque intentaron ponerlo con otros caballos, prefirió estar solo.

Dos años después se mudaron a New York. Lo juntaron con Billy, otro caballo con el que se llevaba bien, pero Billy no le dejaba beber, así que tuvieron que separarlos. Entonces nuevamente lo pusieron con otros dos caballos, pero andaba solo. Antes de la última cirugía se hizo amigo de Hannah, pero los dueños del establecimiento no quisieron tener más a Suits Me porque les daba mucho trabajo por los cólicos.

Cuando tuve una panorama más completo de lo que Suits Me comunicaba escuché y presté atención a que había sufrido por:

- La muerte de un amigo
- Los ruidos
- La multitud
- Deseo de indigestos y cosas extrañas
- Impactación u obstrucción intestinal
- Temor antes de un examen
- Anticipación.
- Viajes
- Extrañar a su amiga humana
- Falta de movimiento
- Encierro

En un nivel general, le afectaba el cambio de tiempo de calor a frío. Mostraba su sufrimiento físico a través de úlceras en abdomen, retención fecal y escasa sed.

Esta historia no es lineal. Con Danae fui avanzando como podíamos vía *email*. A medida que Suits Me mejoraba recomendé darle de comer con mayor frecuencia, por lo menos cuatro veces al día, de modo que fuera más saludable tanto para el sistema digestivo como para el comportamiento alimentario, incluso para evitar que siguiera mordiendo cercos o se apoyara sobre los mismos con los dientes superiores. Otra recomendación fue la de poner una pelota para que jugara y piedras en el comedero o manzanas en el cubo de agua.

Algunas de estas medidas funcionan con algunos caballos y otras no lo hacen, pero enriquecer el ambiente con creatividad siempre suele ayudar a su bienestar.

Es notable el que su humana lo describiera como valiente en los viajes y las situaciones nuevas, pero que después de los viajes tuviera cólicos. Probablemente se mostraba valiente y su proceso interior seguía otro camino.

El jueves 5 de abril del 2001 empezó con *Plumbum* y ese día se le notó juguetón y feliz, más fuerte físicamente; también le había notado feliz el día anterior, en el que se había bebido un cubo lleno de agua.

El 24 de abril del 2001 me escribió: «*Suits Me is doing very well!*». Los veterinarios y los técnicos de la clínica no podían creer que fuera el mismo caballo.

Estaba comiendo y bebiendo muy bien, ganando peso: se mostraba juguetón y lleno de energía. La idea era llevarlo a un lugar donde pudiera vivir suelto. Era primavera en el hemisferio norte, así que la situación mejoraba día a día.

Indiqué hacer un estudio del pelo de la cola para conocer su equilibrio químico básico, metales pesados, metales poco estudiados y oligoelementos. Es un estudio que se hizo en Estados unidos que ayuda a entender cómo está el líquido intercelular y detalles del funcionamiento general del animal.

Cuando comenzó con *Plumbum* su materia fecal era normal pero con muchísimo olor. Obviamente tenía que depurarse de la cantidad de químicos que había recibido.

El 11 de mayo me escribieron: «*Suits Me is doing great*!!!». Lo habían llevado a su nuevo hogar, se le veía feliz y no sabía si corcovear, correr o rolar. Trataba de hacer todo al mismo tiempo, pareciendo un bailarín. Vivía suelto las 24 horas con una amiga equina llamada Susy. Se llevaban muy bien.

Durante ese período siguió limpiando a través de la piel, que tenía aspecto escamoso. La piel es el tercer pulmón, el primer contacto con el mundo. Es normal en un proceso de tanto sufrimiento que el organismo se manifieste a través de este tejido tan amplio y sensible. Si esta depuración va acompañada de alegría y fortaleza es que el camino es bueno.

También estaba sufriendo de picaduras de insectos, siendo atendido con repelentes naturales, y tenía que atravesar ese momento creando nuevas defensas. Su piel tenía que fortificarse, y así lo entendió Danae. Era dar el tiempo necesario para que su organismo fuera recuperando vitalidad.

La vida es un proceso y en él está la transformación. El camino de sanación también lo es y con su humana fuimos caminando juntos, compartiendo la curación de Suits Me.

Recomendé que estuviera sin medicación todo el tiempo posible para que su energía vital pudiera expresarse en su totalidad. Sobre todo si había ido tan bien con la última toma de *Plumbum*. E insistí en volver a consultar al mes. En mi experiencia, cuando se inicia un camino tan propicio de sanación, el segundo encuentro es muy importante, porque ahí se puede observar cómo empieza a caminar por sus propios pies, y también vemos cómo la mejoría puede ser mucho más que el estar sin cólicos. Desde el punto de vista de la prevención lo ideal es hacer un control cada tres meses al principio del tratamiento y luego disminuir la frecuencia.

Unos meses después tuvo una descarga nasal, por lo que hicieron radiografía del cráneo y las bolsas guturales. Se hizo una endoscopía por trepanación, que mostró la presencia de fluido por una sinusitis bacteriana, algo que ya había sufrido. Si me hubieran consultado habría evitado la trepanación, pues observando el proceso tan sanador que estaba viviendo el caballo no necesitaba un manejo tan cruento.

Creo que en el afán de afirmar creencias se hacen crueldades con los animales.

Era de prever que habiendo sido trepanado anteriormente iba a mostrar nuevamente esa sintomatología, y tenía que curarse y no ser tapado en su manifestación.

A pesar de esta agravación llamó la atención el que el herrador que lo había visto cuando lo internaron la primera vez se impresionara de cómo había recuperado peso y lo bien que tenía la expresión.

Cuando Danae le dijo que la yegua se iba, él se preocupó, trató de morder su campera y galopó alrededor de ella corcoveando. Cuando se calmó, ella trató de cepillarlo, pero se alejó. Le llamó la atención ese comportamiento. Por fin podía mostrar sus emociones sin hacerlo a través de los cólicos.

Mes de julio

Después de tomar nuevamente *Plumbum* mejoró la relación con su humana cuando lo limpiaba. El comentario de Danae fue que iba energéticamente mejor en todos los niveles. Lo limpiaba fuera en el potrero y le gustaba a su vez asear a su amiga Susie; todos se aseaban. Antes, cuando lo limpiaba se enojaba; había mejorado notablemente al ser tocado. Gustaba de trabajar fuera más que en pista cerrada. No quiso ir más al box.

No le vio morder madera, cercos o puertas en el nuevo lugar. Comía bien, la materia fecal era blanda y verde, comía pasto natural. La orina era normal. Le vio corcovear un par de veces. Estaba con su amiga Susie, que le mantenía activo. Aparentemente corcoveaba cuando se preocupaba porque Susie se iba a los boxes y él quedaba solo. Se estaba moviendo mejor que antes, más fluido.

Una gran limpieza. Perdió todo el pelo, ¡esto es tan difícil de soportar para el humano! Pero es una gran limpieza para el organismo. Luego creció el nuevo pelo, brillante, suave, con buen color.

La amiga humana recordó que el caballo siempre había tenido lagrimeo en el ojo derecho. En el momento que me comentó esto tenía el ojo hinchado y congestionado. Mejoró de un ojo y empeoró del otro. Es posible que fuera un caballo más claustrofóbico que otros. Repasando algunos síntomas con Danae, ella comentó que casi se había olvidado del tema de morder madera. Incluso pensó que nunca lo iba a superar, porque alguna vez la quería morder en el hombro de manera compulsiva. Cuando se fue Susie lo reforzamos con *Plumbum* por si se ponía demasiado triste. Pero esta vez, si bien estuvo triste, se fue a pastar con otros amigos. Tenía un poco de lagrimeo ocular. Nuevamente pudo expresarse a través del lagrimeo ocular sin tener que hacerlo con un cólico.

31 de agosto del 2001

Suits Me está muy bien, tanto en lo físico como de ánimo. Su porte es precioso. Danae lo cuenta así: «Mis padres lo vieron hace dos semanas y simplemente no podían creer lo bien que está». El jueves anduvimos 30 minutos, él estaba feliz, curioso, explorador.

Tiene un síntoma desde hace una semana: 4 ampollas en el lado derecho del labio superior. Parecen secas e indoloras. Podrían deberse a un fardo o a una limpieza del sistema digestivo en la boca. Él ya había tenido úlceras en la boca y todo el sistema digestivo. Las ampollas secas también fueron una manera de depurarse. Solo indiqué esperar unos días antes de medicar y confirmar que no hubiera plantas tóxicas en el lugar. Aún se estaba desintoxicando.

Iba muy rápido.

Es asombroso acompañar en su proceso de desintoxicación a un organismo tan lastimado e invadido. También es un proceso de aprendizaje.

La humana fue aprendiendo a ver cómo el organismo de Suits Me se iba depurando, a familiarizarse con este tipo de medicina.

Acompañé el tratamiento con aceite de lino. Compresas de *Calendula* en las partes irritadas de la piel. Aceite de lavanda para que lo aspirara y pudiera sentir bien sus fosas nasales, tan maltratadas. Recomendé ajo en la comida, *Tea ree*, *Citronella*. También mantener sana la microbiota, dado que el tejido intestinal iba recuperando la población sana de bacterias. Yogur.

Mantuvimos el contacto durante unos años. Suits Me estuvo muy bien, hasta que un día tuvo que galopar a otro cielo. Sano y feliz. Agradezco todo lo que aprendimos juntos, con él y con su humana. Saber que podría vivir suelto con amigos llevándose bien con ellos representó un profundo sentimiento de alegría.

Tota. Fotografía Lorena Canchere.

La dentadura

Es imprescindible para todos los caballos. En casos como este, hacer revisar la dentadura por un veterinario especializado en odontología. Es una práctica excelente para mantener la salud de los caballos debido al uso de embocaduras, falta de elección de pasturas, imposibilidad de comer cuando lo desean o jinetes con manos duras que influyen en el tesoro que es la boca del caballo.

Una boca sana, con articulaciones temporo-mandibulares equilibradas, hace que la nuca no sufra y la energía fluya por la columna, y por consiguiente por todo el cuerpo.

CAPÍTULO 11

Mozart para Tabaco

Experimentando sonidos con cuencos. Fotografía: Francisco Aguilar. Archivo personal de la autora.

Hace unos años estaba impartiendo una charla para veterinarios y estudiantes en el predio de un regimiento en el que muchos de los caballos viven en pequeños espacios con suelo de adoquines, algunos tan pequeños que ni pueden acostarse.

Me preguntaron si me animaba a mostrar algo de mi modo de vincularme con los caballos con un ejemplar llamado Tabaco, que pateaba y mordía. Accedí, en parte porque me interesa mejorar la vida de animales que cargan con prejuicios de gente que no sabe comunicarse con ellos, porque siempre es un aprendizaje exponerse, y en parte para mostrar con mi feminidad, mi delicadeza y técnica, cómo podía comunicarme con ese caballo. Así fue que, en un día lluvioso, sobre el suelo de adoquines resbaladizo en una cuadra sin demasiada luz conocí a Tabaco, un hermoso alazán Cuarto de Milla bastante alto para los estándares de su raza. Un caballo que llevo en el corazón, así como el recuerdo de una situación que parecía estar en contra y se transformó en música.

Música y potencia de un caballo lleno de vida y falta de entendimiento, cuya profunda necesidad de libertad me impactó. Mi sensación en su cercanía era que podía llegar a galopar con el viento.

Rodeada de militares de distinto rango, veterinarios y estudiantes, me acerqué para conocerlo. Su primera reacción fue amenazar con un mordisco. Estaba preparada, por lo que lo eché yendo hacia él y vocalizando, de modo que lo sorprendí; Tabaco se había acostumbrado a echar a todo el que se le acercara, pero al no cederle mi espacio corporal, con mi cuerpo dirigido hacia él, abriendo mis brazos con las manos en forma de garras, di otro significado al encuentro. Le propuse un diálogo y el resultado fue que Tabaco dejó de amenazarme, sintió mi presencia y firmeza de intención y, cuando se mostró más relajado, le hablé y fui buscando cómo sincronizarme en todos los planos posibles en un ambiente completamente limitado, con muchas emociones mezcladas de quienes compartíamos la experiencia. Algo que me funciona es trabajar lo redondo, los círculos, para crear una atmósfera de armonía, y así fui pudiendo llegar a ese caballo. Con el corazón latiendo fuerte y todo mi ser enfocado hacia su necesidad.

Los caballos aprenden a echar a otros caballos, animales o personas, amenazando con morder o patear, porque así se sienten más seguros o cómodos. Cuando no me alejé y fui hacia él se produjo un cambio que influyó a nivel neuronal, pues tuvo que adaptar su conducta e intentar comprender un lenguaje de gestos, que si bien le resultaba equino, no era habitual para él.

Ese momento de transformación es muy delicado y hay que prestarle atención para ser coherente y honesto, e ir con el caballo por un camino de compasión y paciencia.

Es un momento de entrega total a la situación, en la que siento la fe con entereza y agradecimiento. Cuando un caballo tan frustrado se abre y muestra su necesidad de comunicación es un regalo que viene de otro plano.

Las personas que lo conocían comentaban que era difícil de manejar cuando se lo ensillaba, limpiaba o se lo cabestreaba, pero no tanto cuando lo montaban, aunque tenían que estar muy atentos. Solo permitía la cercanía de algunos soldados, pero en general los rechazaba a todos. Era amenazante: mordía, pateaba, manoteaba, se parada de manos. Durante el vínculo con él experimenté en carne propia sus amenazas, a las cuales fui respondiendo con mi lenguaje corporal, impidiéndole que pusiera la grupa hacia mí, momento en el cual lo echaba y le decía «no» con voz fuerte, sin permitir siquiera que me apuntara con sus patas.

Si el caballo logra apuntar con su grupa a una persona es que se está defendiendo y puede atacar pateando. Impedir esa amenaza hace que sí o sí tenga que vincularse de otra manera.

En la manada, cuando quieren echar a otro caballo pueden hacerlo dirigiendo su posterior hacia el otro, y en general ese lo entiende y se retira.

Pero también era como un juego. Yo no lo tomaba demasiado en serio pues me daba cuenta de que él tenía miedo.

Cada encuentro con Tabaco era un capítulo de vida para mí. Primero, lograr entrar en esa instalación, pues dependía de quién diera permiso. Segundo, estar rodeada de gente con buenas intenciones y ganas de aprender. En general hubo un buen clima. Tercero, poder trabajar en espacios más o menos disponibles, pues había días con muchísimo movimiento y ruidos que hacían que el caballo tuviera que prestar atención a muchos detalles a la vez, y yo también. Pero si eso ocurría me alejaba a algún lugar menos concurrido. Siempre me despertaba alguna emoción el paso que iba a dar, era algo así como una aventura.

A mi manera, con gestos le fui mostrando que quería entablar un diálogo, pues fui respondiendo a los suyos. En cada encuentro empezó a prestarme atención y así pude ir entablando otra manera de comunicación.

Él estaba adaptado a la rutina de entrar y salir del box, que era angostísimo... ¡Pobre animal! También estaba acostumbrado a los horarios de comida. Pero cualquier maniobra fuera de las rutinarias hacía que reaccionara a la defensiva, con la cabeza muy elevada, gran tensión, como en alarma.

Le fuimos ayudando con una estudiante de Veterinaria con *Arnica* y *Flores de Bach* para disminuir los efectos del trauma. Un caballo que se pone tan a la defensiva está expresando lo mal que lo ha pasado. No podían herrarlo; de hecho, lo tiraban al suelo; decían que era un caballo malísimo, cuando en realidad estaba muy asustado y sus reacciones eran de defensa. Las personas más cercanas se daban cuenta de que estaba más tranquilo, de que ya entraba a la manga y se quedaba para recibir vacunas, que se le podía herrar, que estaba más colaborador.

En cada encuentro yo iba haciendo distintos acercamientos, como terapia manual en distintas partes de su cuerpo, yendo de la menos a la más reactiva. O lo llevaba a caminar a un lado y al otro para sincronizarme con él. O le hacía ejercicios de flexión a un lado y al otro, o de ir hacia atrás. Dependía de su estado de ánimo y del contexto.

El caballo necesita seguir aprendiendo y conociendo. Necesita usar su mente, pues en la vida natural está atento a su ambiente, a los cambios en el mismo, a la salud de su manada.

Tienen muchísimos estímulos que les hacen estar atentos. Cuando se aburren o faltan esos estímulos se deprimen, dejan de usar sus habilidades. Cuando son estimulados con la rehabilitación se interesan y revitalizan.

Fotografía: Martín Hardoy.

Para este tipo de trabajo se necesita un lugar tranquilo donde el caballo se pueda expresar y la persona que está con él pueda concentrarse y entregarse. En uno de esos encuentros pude llevarlo a un espacio redondo para cambiar el ambiente donde lo manejaban cotidianamente. No le podía soltar como me hubiera gustado, porque no había un lugar adecuado. Pero después de trabajar en el redondo, que era un lugar rodeado de cemento con una altura de aproximadamente 80 cm, al disminuir la tensión pude trabajar sus fascias y algunos acupuntos a los que hasta ese momento no había podido acceder. Aunque al principio estaba inquieto, se fue relajando y pude levantarle las manos y flexionarlo a un lado y al otro con más fluidez. Todos estímulos motores y sensitivos que le hacían tener una actividad mental distinta a la de la vida aburrida. Y todas estas maniobras fueron hechas con su disponibilidad, sin forzarlo, respetando su proceso de aprendizaje.

En otro encuentro trabajé con él en un playón, justo un día en el que había mucho movimiento. Me parece funcional trabajar en un contexto no ideal como el que describí, pues la vida de esos caballos se desenvuelve en un ambiente de este tipo. Aun así mantuve la intención de crear un vínculo tranquilo. Aunque Tabaco se movía, no lo oprimía, lo seguía y trataba de generar cercanía, pues lo más difícil era mantener un contacto cercano sin que se asustara. Ese día se paró de manos, pues se asustó mucho, y decidí ir a otro lugar más tranquilo, donde pudo pastar un poco y finalmente calmarse. Después de que pastara comencé a guiarlo a un lado y al otro con la idea de caminar juntos, encontrando un ritmo en el paso de los dos.

Este modo de vínculo parecido al caminar de la manada resulta muy positivo para la relación.

Cuando su paso se hizo calmo y con ritmo y atención en el trabajo lo dejé. Tras ese encuentro me comentaron que hubo un cambio notable en su comportamiento.

Unos meses después logramos que nos prestaran un picadero cubierto. El trabajo de ese día comenzó desde que salió del box. Lo llevaron hasta mí y cuando le fui llevando al picadero tuve que ir y volver, pues se inquietaba un poco. Le fui mostrando lo tranquilo que podía ir al lado mío, y así lo fue entendiendo. Entramos en el picadero, que era grande y con un buen suelo de arena, y lo solté sin permitirle que saliera como loco. Fue un espectáculo verle correr, corcovear, mostrar su equinidad en todo su esplendor. Yo tenía reservada una sorpresa para él: hacerle escuchar la *Sinfonía n° 40* de Mozart, sabiendo el efecto profundo que tiene la buena música en humanos y animales. Eran pocas las oportunidades que tenía de trabajar con él, de modo que quise aprovechar al máximo la experiencia de soltarlo. Cuando comenzó a escuchar la música, Tabaco se detuvo, alzó las orejas y se quedó asombrado y atento. Los animales son sensibles y capaces de captar el bien y la belleza. Todos nos quedamos en silencio compartiendo con él ese momento. Salió nuevamente corriendo a descargarse y finalmente le fui llamando hasta que me siguió. Fue hermoso ver como buscó mi cercanía. Las personas que asistieron a ese encuentro quedaron emocionadas y con muchas preguntas.

Se han estudiado los efectos positivos de la música a nivel del sistema nervioso.

Música desde los primeros pasos. Fotografía: Vania Rodrigues.

En relación al medicamento homeopático tomé en cuenta los trastornos por miedo, la aversión al contacto, a la caricia, incluso con irritabilidad. Era muy sensible al más ligero contacto; podía haber sido cosquilloso. Todos estos detalles tenían que ver con la sensibilidad de Tabaco. Este aspecto lo cubre muy bien la homeopatía, la susceptibilidad del animal. En relación a lo físico, habían comentado que había tenido dolores abdominales espasmódicos.

En el tercer encuentro le di *Kali Carbonicum,* que es un medicamento que tiene muchas dificultades con el contacto. Aunque el caballo tenía sus razones para reaccionar como lo hacía, el modo en que lo hacía indicaba su susceptibilidad.

Después de recibir *Kali Carbonicum* también fue milagroso el cambio. Tan notable fue que un día en que casi todos los caballos del regimiento estaban excitados y asustados, uno de los pocos calmos fue Tabaco, que parecía un caballo que meditaba. Los pasantes estaban impactados pues podían ponerle inyecciones y el herrador podía levantarle las manos y las patas. Lo último que supe de él fue que lo llevaron al campo, donde espero que esté siendo bien tratado y pueda galopar con todo su esplendor.

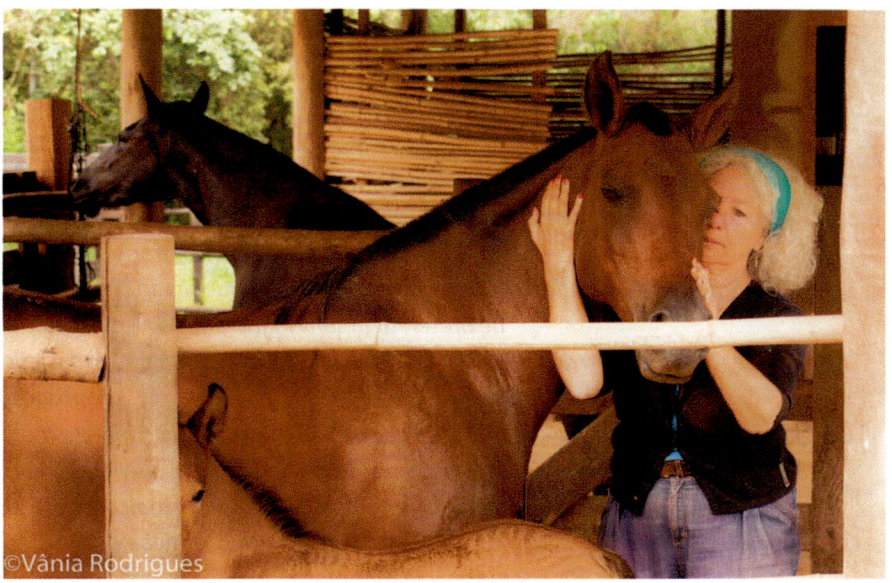

Con Maravilla y su potranca. Fotografía: Vania Rodrígues.

CAPÍTULO 12

La vejez es un bien
Olivio, Antonio, Pestaña, Mimosa

¡Oh Dios! Que mi entendimiento permanezca siempre claro e instruido.
Que ningún pensamiento extraño lo aleje de su lugar junto al lecho del enfermo.
Que todo cuanto la experiencia y el estudio le han enseñado esté vivo en él sin
entorpecer su tranquila tarea.
Porque son grandes y nobles los conocimientos que sirven al propósito
de preservar la salud y las vidas de tus criaturas.
Aleja de mí la quimera de creer que puedo cumplir adecuadamente todos mis
propósitos.
Dame la fuerza, el deseo y la oportunidad de ampliar mi sabiduría cada vez más.
Hoy soy capaz de descubrir aspectos de mi conocimiento que ayer ni siquiera
hubiera podido soñar porque, aunque el arte parezca inalcanzable, el
entendimiento humano no debe desfallecer.
Que no vea más que al hombre en cada paciente.
Tú, con tu generosidad infinita, me has elegido para velar por la vida
y la muerte de tus criaturas.
Ahora estoy preparándome para cumplir con mi vocación.
Permanece junto a mí en esta sublime tarea para que pueda llevarla a buen puerto,
porque sin tu ayuda el hombre es incapaz de seguir adelante, incluso en las cosas
más pequeñas.

Fragmento de la *Oración matinal del médico*
atribuida a MAIMÓNIDES

Antonio, el caballo blanco de mis sueños de infancia

Conocí al dueño del campo donde vivía Antonio por una yegua llamada Purita, a quien atendí por fractura en la extremidad posterior izquierda. Antonio, el tordillo de la foto, era un caballo PRE, Pura Raza Español, que llegó a nuestro país en el año 1986 a partir de un proyecto de criar raza PRE en Argentina. Después de distintos caminos arribó a manos de este hombre. En aquel momento tenía alrededor de 17 años y una infosura crónica en el miembro anterior izquierdo, estabilizada pero que le había dejado un casco muy pequeño y un andar desequilibrado.

Antonio. Fotografía: Anahí Zlotnik.

Durante el otoño del año 2000, estuvo con neumonía, tratada de forma convencional, lo que no dio resultado y el caballo empeoró mucho. Así fue como Antonio llegó a la homeopatía.

Yo lo conocía de verlo y acercarme a él cuando iba a atender a Purita. Siempre estaba atento a las yeguas que andaban en otro potrero y las llamaba. Pero parecía demasiado inquieto, intranquilo. En una oportunidad antes de la neumonía había tomado *Calcarea Sulphurica* por un absceso post-vacunación en el cuello. A los pocos días se había tranquilizado y caminaba menos.

Me gustaba vincularme con él, pues tenía la energía de la presencia muy clara y era atento y comunicativo. Nos hicimos amigos rápidamente y, como su potrero era el primero a la izquierda, cada vez que llegaba al campo era un ritual saludarlo. Era como si hubiera sabido que en algún momento lo iba a atender y tuviera ganas de que eso sucediera.

Cuando empecé a tratarlo por la neumonía tenía tos con espuma, con ahogos. Hablando con su responsable relató que cuando estaba sano era dócil, picante y que encaraba a los perros. Era corajudo, noble, vistoso. Había hecho muchas marchas, una de ellas hasta Jesús María desde Buenos Aires. Probablemente esto pudo haber influido en la infosura, pensé. Siempre había campaneado de la mano izquierda y su casco no había sido tratado con conocimiento.

Los herrados mecanizados pueden arruinar muchos cascos.

El relato siguió así: «Mientras puede ver a las yeguas está tranquilo. Se inquieta cuando no puede verlas desde su potrero. En ese campo también vivía Haram, un semental que estaba a unos potreros del suyo. Una vez se escapó y fue a pelearse con él. Pie a tierra no se deja manejar por cualquiera».

Antonio aceptaba el masaje solo un ratito y se alejaba. Me llamó la atención su modo de acercarse: manso, pero con distancia.

Cuando fue diagnosticado de neumonía tenía baba blanca y moco verde en el ollar derecho. Esto acompañado de la mano izquierda hacia delante y el lomo tan tenso que se marcaba el músculo largo del mismo. La materia fecal era muy oscura; eran boñigas pequeñas, sin ser blandas, con transpiración en el abdomen, gusanos del lado derecho de la verga. Estaba con mucho dolor y se iba para adelante.

Ese día lo masajeé y tras el masaje tuvo una materia fecal oscura con boñigas pequeñas. Lo llamativo fue que dejó de irse para adelante, pues el dolor de la mano izquierda había disminuido. También le hice paños con aceite de ricino y *Óleo 31* y dejé indicado que le pusieran ladrillos calientes. Además, después del masaje orinó mucho, estiró el cuello y lo sacudió dos veces. A la mañana no había querido comer, pero se quedó verdeando bien cuando lo dejé. Lo solté tras una hora, aunque en realidad él se alejó. Fue su manera de expresar que era suficiente.

Es posible que esa sintomatología pulmonar tuviera la intención de liberarse de situaciones de abuso y trato con dureza, esfuerzos, dolores, traslados. Por lo tanto la neumonía podía ser parte de un proceso, pero si bien necesitaba liberarse, el proceso no era funcional y había que ayudarlo. Es probable que también sufriera en la región pulmonar por cinchadas excesivas que no respetan el ritmo respiratorio natural que el animal necesita.

Toda conducta y desequilibrio cuentan algo sobre lo vivido, en este caso mucha mano dura.

Cuando llegó a Buenos Aires le había tocado una gente poco amable: «Antonio era como un tigre y no permitía que se acercaran al box», me contaron.

Mientras lo describían como un tigre, yo me preguntaba con qué energía se le habrían acercado. He visto y sentido la energía de quienes gustan de sojuzgar. Por lo tanto tomé con pinzas esos comentarios.

Me ocurre con frecuencia que la vida me lleva a recibir datos sobre la existencia del caballo que me ofrecen personas que lo han conocido y pudieron ser testigos de lo que yo había intuido.

Fui descubriendo que necesitaba masajes en la línea alba y las axilas, que lo relajaban y se quedaba concentrado. A pesar del dolor de la mano izquierda transmitía dignidad. Así lo percibí. Mientras trabajé con él le imaginé galopando y trotando como cuando estaba sano. ¡Y un tiempo después lo hizo!

Durante ese camino de dignificación fue limpiando el casco izquierdo a través de supuraciones que, una vez que se completaban, lo dejaban sin dolor. Tuvo momentos en los que su mirada se volvía vivaz, alegre, despierta, como si recuperara algo de su profunda equinidad. A la vez perdía pelo –sobre todo de la región abdominal derecha– y tenía secreciones nasales mucosas blanco-amarillentas con olor fétido de ambos lados.

Bebía y comía muy bien. En este camino tuve que volver a medicar porque, aunque estaba mejor, le faltaba algo de energía para expulsar la negatividad recibida.

Cada vez se conectaba mejor conmigo durante la terapia corporal y pude visualizar cómo lo habían humillado y maltratado. Me llegaban sus imágenes, los momentos en que lo forzaban a seguir o le tiraban de la boca o golpeaban con las espuelas.

Con él aprendí más sobre el proceso de sanación, pues mejoraba pero cada tanto reaparecía mucho dolor en la mano, por lo que se iba para atrás para aliviarse.

El entender lo que se le pide a un animal es un tema de consciencia y de estar despiertos. Pues a veces les cuesta años recuperarse de lo drenados que quedan después de haber tenido que soportar tanto maltrato.

En los períodos en que mejoraba iba recuperando peso y su pelaje se hacía suave y brillante. Cuando le hacía terapia manual en la región del pulmón derecho se le aliviaba todo el dolor. Había que destrabar las costillas y el esternón, que estaban fijos, sin movilidad. Poco a poco caminaba mejor, se quitaba el bozal, volvía a relinchar, aunque con la voz un poco ronca y baja. Pero el peón extrañaba su energía y vitalidad, datos a los que presté mucha atención. Muchos peones son excelentes; al tener contacto diario con los animales, los conocen al dedillo y se refieren a ellos como amigos humanos. Me encanta trabajar con gente así.

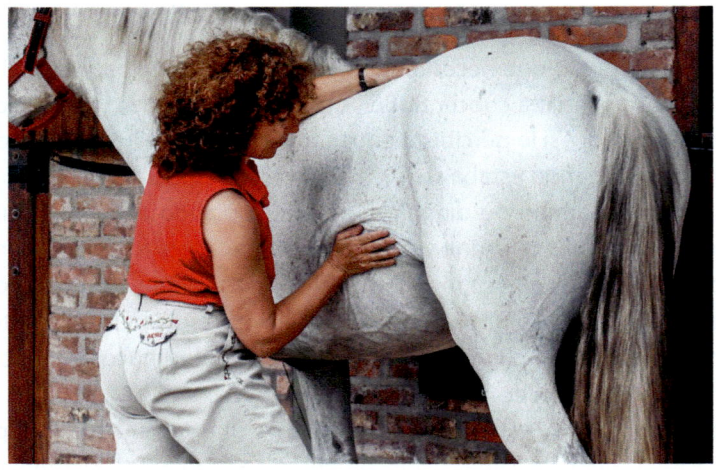

Suavizando tensiones. Fotografía: Martín Hardoy.

En esos días Antonio estaba muy sediento y fui intuyendo que había que cambiar la *Calcarea Sulphurica* por *Belladonna*, remedio que había estado estudiando para él. Pero me costaba juntar intuición y técnica.

Fui razonando: «Tomó *Calcarea Sulphurica* por un absceso por inyección. La *Calcarea Sulphurica* le va mejorando también en otros aspectos, pero ¿qué está sucediendo en el fondo de Antonio? Pues cuando llevo mis manos a la región del pulmón derecho se alivia y suspira».

En aquel momento una persona que estaba estudiando masajes también observó que el mayor problema de Antonio estaba en los pulmones. Entonces profundicé en el estudio de la *Belladonna* y encontré que actúa en la neumonía del lado derecho. Aun sintiéndose mal, Antonio desafiaba al semental Haram. La *Belladonna* puede tener deseo de matar, algo que me habían comentado de cuando querían acercarse a él en el box nada más hubo llegado de España. La *Belladona* también sufre de dolores en las manos y puede tener un olor fétido, tos y mucosas amarillentas. De modo que le cambié la medicación para actuar más profundamente en su animalidad.

A los pocos días fui a verlo. Estaba más animado y después de años había vuelto a revolcarse, signo de salud. Antonio solo podía revolcarse de un lado, parar y revolcarse del otro. Por la infosura no podía dar la vuelta completa.

> **El caballo se revuelca por distintas razones. Una es la de tomar el olor de su grupo, otra estirar la columna, así como friccionar la piel para quitarse los pelos viejos, los insectos, y por puro bienestar.**

Y –la gran alegría para todo homeópata– fue que el prurito aumentó tras esa ingesta de *Belladona,* y la caída del pelo se incrementó de modo llamativo, como sí estuviera cambiando toda la capa. Lo tomé como un síntoma de curación pues, según la medicina china, el pelaje está íntimamente relacionado con el pulmón y desde el punto de vista de la medicina homeopática hizo una profunda limpieza desde el pulmón y el abdomen hacia el exterior a través de la piel.

¿Y qué pasó con su mano izquierda? Disminuyó el dolor, se movía mejor, cada día se iba menos para atrás cuando caminaba. La tos dejó de ser productiva y siguió ganando peso.

La *Belladona* podía mejorar la salivación con tos, la inflamación de los pulmones y la neumonía del lado derecho. Casualmente el lado derecho está relacionado con lo masculino. Un semental que ve a las yeguas pero no puede estar junto a ellas no lo pasa muy bien. También ayuda cuando hay pleuritis, descargas nasales amarillas, ofensivas y cuando la voz está débil. La expectoración frecuente, la tensión interna y la contracción de músculos, tendones y dedos de las manos así como los dedos que están flexionados mecánicamente. En relación a las hiperformaciones en la región anal, la *Belladonna* puede curar condilomas y verrugas en el recto.

Antonio curando

El peón manifestó que lo veía con menos dolor y que no andaba a los saltos. Y que, a medida que pasaban los días, apoyaba cada vez más la mano y su pelaje iba recuperando brillo. Fue interesante observar del lado derecho del tórax tres zonas alopécicas con fondo rosa, que no tenían hongos sino que eran zonas de exoneración.

Estaba con más energía y menos interés por el contacto con los humanos. ¡Menos mal! Su mirada tenía una apariencia cristalina. Se le había hinchado el cuello donde había tenido el absceso por una inyección.

Un día se atragantó, el peón lo asustó y dejó de toser. Le dio *Belladona* y mejoró.

En mi práctica comparto con los allegados a los caballos algunas medidas de urgencia y resulta muy positivo que así sea, como en este caso, en que el peón supo darle el remedio que lo mejoraba.

Tal vez se había atragantado por el susto y también porque las yeguas estaban en celo, situación que obviamente lo inquietaba. Tenía aún las mucosas amarillentas, mostrando que el hígado no funcionaba del todo bien. Así que era mejor que mostrara algo de forma externa a que se lo guardara y se convirtiera en algún dolor o desequilibrio.

En esos días en que había luna llena desparasitamos a toda la manada con *Sulphur*. Y hubo un hecho que le provocó dolor, al que el peón no prestó atención y que le había hecho caminar sobre cemento. Aparentemente por dolor tenía los testículos retraídos y no se dejaba masajear. Después de tomar *Belladonna* empezó a rascarse con los dientes el antebrazo y los costados del cuerpo y bajo los testículos. Reaccionó muy bien, relajó los testículos, y al mejorar me pude ocupar de sus compensaciones, porque tenía el bíceps braquial izquierdo atrofiado

Fui encontrando las regiones donde le gustaba la terapia manual, como una buena fricción a la altura de la cruz, que hacía a favor y en contra del pelo, o cuando liberaba la fascia local, como con el aseo mutuo que se hacen los caballos entre sí.

En octubre llegó mi yegua Jadrift, a quien recibió relinchando, y la llevé a su potrero. Fue a interactuar con ella tranquilo. Pero ella estaba un poco nerviosa y no lo aceptaba. Se fue a pastar pero la podía mirar, ya que estaba en diagonal hacia ella. En un momento se acercó al trote, moviendo el cuello de forma ondeante y se aproximó sin tocarla. Ahí ella se calmó y se quedaron un rato comiendo uno cerca del otro pero a distancia, respetando el espacio corporal. La yegua más tarde se puso nerviosa y la saqué. Pero Antonio estaba calmo, sin invadirla. Era lógico en un semental que pudo vivir en contacto con las yeguas. Al día siguiente le hice masajes. ¡Estaba mejor él que la yegua! Fui varios días seguidos para vincularlos de un modo tal que estuvieran lo más libres posible.

Jadrift, mi yegua amiga, con quien aprendí a vivir muchos procesos. Fotografía: Anahí Zlotnik.

A los veinte días de este encuentro sirvió a Jadrift. La montó varias veces. Al principio se apoyaba y no podía penetrarla; le costaba porque la mano izquierda le dolía y tuvo que arreglarse solo pues no recibió ningún tipo de ayuda. Fue la primera vez en que lo hizo completamente suelto. Antes siempre le habían ayudado a copular. Pero practicó y, como la yegua se quedaba quieta, en un momento pudo subirla. Estuvo dos días con ella, hasta que el tercer día, cuando se le retiró el celo a la yegua, no lo aceptó y entonces la llevamos a otro potrero con la manada.

Cuando llevaron a otro semental a su campo se deprimió un poco. El semental que llegó estaba a la vista. ¡Qué sufrimiento para él! En esa situación adelgazó y el dolor en la mano reapareció. Sin embargo su aspecto era bueno y su ánimo permanecía estable.

Hacía años que tenía unos melanomas por ser tordillo, razón por la cual le di otros remedios hasta que llegué a la *Silicea*. A los cuatro meses, los melanomas de alrededor del ano disminuyeron de tamaño y también redujo su tamaño una formación ósea que tenía en las últimas costillas de ambos lados. Mejoró mucho la mano doliente, a pesar de que se habían pasado los días en que tenían que recortar los cascos. Acompañé este período con té de kombucha, que le daban con jeringa y le encantaba. Pasó ese último año bastante bien. Soportó muchos años el casco pequeño de la mano infosurada. Pero andaba mostrándose y siempre con buen espíritu.

Un día recibí una llamada del dueño del lugar: «Antonio está en el suelo y me dicen que hay que eutanasiarlo». Me fui a verlo y, efectivamente, estaba en el suelo recorriendo sus últimas vivencias en este plano. Lo cubrí con una manta y le pregunté qué necesitaba. En ese momento sus hijas Sevillana, Jazmín, Purita, y la madre de esta, Incamara, se acercaron al alambrado, que estaba a unos metros. Le dije al peón que por favor les dejara pasar. Ellas hicieron un círculo a su alrededor, una por una, oliéndose mutuamente y diciéndose no sé qué cosas. Se fueron alejando poco a poco. Otras dos yeguas, Malvina y Alicia, hijas de otro semental, se acercaron, aunque no tanto. Solo pasaron a una distancia de unos metros. Entonces, mientras Antonio se iba yendo volví a preguntarle qué le faltaba. Entendí que quería escuchar a su querido amigo humano Natalio, que tanto lo cuidó en los últimos años. Con el teléfono móvil hice una llamada y se lo puse al lado de la oreja, que se iba moviendo según lo que recibía verbalmente. Así se fue yendo a galopar a la luz y en mayo del 2003 volvió a Trapalanda, el cielo de los caballos. Aún lo extraño.

Cuánto más fácil es eutanasiar, pero cuánto se pierden muchos humanos de vivir esas bendiciones que la vida nos da, ese momento sagrado de cambio de estado.

También alguien había tratado de convencer al tutor que lo tuvo los últimos años de que lo regalara para los leones del zoológico de Luján. Le pregunté qué sentía y dijo que quería enterrarlo en uno de los potreros. Durante más de un año, las hijas y la yegua madre fueron todos los días a saludarlo al potrero donde había sido enterrado.

La vida de la naturaleza es muy sabia y podemos aprender muchas cosas que valoro desde el corazón.

He aprendido tanto con Antonio y en ese lugar con sus humanos que mientras escribo este capítulo revivo intensamente lo vivido. Él fue el padre de mi querida Nasrudina.

Olivio se hizo mayor

Olivio. Fotografía: Gabriela Abram.

En un cuento de origen oriental se relata que un hombre de cierta edad caminaba por el campo cuando se encontró con un maestro a quien hacía tiempo que no veía. El primero le preguntó al segundo:

–*¿Cómo está? Cuánto tiempo...*

–*Bien. Estoy caminando, respirando el aire límpido y disfrutando del verde de la llanura. Y usted y su familia, ¿cómo están?*

El hombre de cierta edad respondió:

–*Bueno, me duelen las rodillas, mi esposa se queja y me cuesta alegrarme. ¡Es que nos estamos poniendo viejos!*

Entonces, el maestro le dice:

–*Una cosa es ponerse viejo y otra es hacerse mayor...*

Hace unos años atendí a un caballo alazán de salto de 34 años, muy elegante, que había sido caballo de escuela hasta que lo compró una mujer que amaba a los caballos para que sus hijas aprendieran a montar.

En marzo del 2004 me hicieron la primera consulta porque lo habían llevado a un campo de descanso, pero el caballo no paraba de caminar. Caminaba y caminaba, síntoma que ya tenía antes de ir al campo. Aunque se quedaba cerca de la casa del peón –porque sabía que ahí estaba la comida– estaba siempre en movimiento con su amigo. Tal era su inquietud que no pastaba.

Este comportamiento lo tomé como sintomático, porque el caballo sano come durante alrededor de 16 horas al día estando suelto. Otro comportamiento que vi como sintomático fue que era muy desconfiado con el contacto. Aunque lo conocía poco ya había hecho contacto con él, pero seguía siendo desconfiado. En parte era comprensible porque había sido caballo de escuela, caballo maestro, que soporta todo tipo de jinete y trato. Pero su modo de expresarlo era una reacción personal, un modo de mantener la distancia con las personas y los otros caballos, excepto con el amigo que lo cuidaba.

Estaba flaco y me pregunté si no tendría antiguas úlceras en el estómago de cuando vivía en un box.

La primera prescripción fue *Aconitum*, fundamentalmente por su estado de inquietud. El peón solo describía que caminaba y caminaba. Me llamaba la atención cómo se juntaba con Carlín, otro caballo amigo que vivía en el mismo lugar, ya que si bien es normal la búsqueda de unión, en él era como un estado de desesperación, por lo cual cambié por *Calcarea Carbonica* y aceite, que mejora la digestión, y levadura para equilibrar la microbiota. Como parte del tratamiento le limamos los dientes, que estaban puntiagudos y le impedían comer bien.

Un día, estudiando la *Bryonia* –que también necesita desesperadamente ser cuidada–, pensé que sería un buen remedio para él. Tenía un modo de desconfiar particular, porque si bien aceptaba el contacto manual, siempre mantenía un grado de distancia. Un maestro de homeopatía decía que la *Bryonia* no quiere saber lo que le va a ocurrir. Y me pregunté: «¿Será que camina y camina para huir de lo que le está por pasar y no quiere saber?». Por lo tanto, como tampoco mejoraba con *Calcarea*, le prescribí *Bryonia*.

Mi intención era que llegara en el mejor estado posible al invierno. Por esta razón agregué *Flores de Bach*, pues no tenía certeza de que el remedio fuera a funcionar y sentía que el caballo tenía poca energía. En varias situaciones las *Flores de Bach* habían sido útiles para tener en condiciones al paciente hasta encontrarle el mejor medicamento. A los pocos días de esta prescripción recibí un *mail* de su humana con estos comentarios: «Olivio está más tranquilo; le veo en paz, menos alerta, sin miedo ni desconfianza». ¡Qué alivio sentí!

Su amiga humana era sensible para describir el estado de los animales. Ella usaba piedras, que le puso en distintos lugares del cuerpo. Además fue a verlo más seguido, lo que para Olivio fue positivo. En general quienes estábamos relacionados con él estuvimos más atentos.

Los caballos son muy sensibles al cuidado y al afecto. El trabajo en equipo, cuando hay buena intención y atención, genera un ambiente propicio para la curación.

Con Maravilla. Fotografía: Vania Rodrígues.

Son varios factores los que favorecen el proceso curativo. El peón, la amiga humana del caballo, el ambiente, el veterinario, el medicamento homeopático. Cuando fui a verlo estaba tranquilo, la mirada transparente, cristalina. Vivaz, confiado. Interesado en el contacto, y, aunque por momentos se asustaba, la diferencia fundamental era que se relajaba rápidamente.

Siguió mejorando, todo lo que podía mejorar a los 34 años tras una vida de mucha exigencia y poco cuidado hasta llegar a manos de su última amiga humana. Murió en paz en el mes de septiembre, acompañado y cuidado.

Pestaña pasa a otro estado

En agosto de 2008 la conocí, cuando ya contaba con 29 años. Era una zaina colorada, de mediana estatura, de alrededor de 1,60 m. Había sido la yegua de Melisa, quien cuidaba mucho a los caballos viejitos.

La vi por primera vez cuando atendí a otro caballo de la manada y en aquel momento apoyaba la pata derecha como aliviando un dolor, pues tenía el nudo muy flexionado y apoyaba la punta del casco, aunque no tenía nada en el mismo. Era un signo de dolor orgánico que me hizo pensar que podía haber sedimento urinario o cálculo en la vejiga. Le di *Cantharis,* pues su temperamento cuadraba bien porque compartían algunas características como la irritabilidad. Era peleadora, enojosa, echaba a los demás, no le gustaba que estuvieran cerca de ella. A su compañera Chispa la echaba cuando comían, lo cual no era raro pero sí era extraño su comportamiento amenazante con su humana Melisa cuando la medicaba. Bajaba las orejas contra el cuello y abría la boca con intención clara de morder, al tiempo que movía el posterior con ganas de patear. Avisaba. Claramente expresaba su disgusto.

Durante un tiempo siguió con *Cantharis*, al principio dejó de pelear y su malhumor fue disminuyendo. Fue dejando de agredir a Chispa, otra viejita del grupo y también menos agresiva con Melisa. Otros días –comentó esta– estaba bien con Chispa y no tanto con ella. A los tres meses de comenzado el tratamiento la fui a ver. Pude observar que el chorro de orina era normal, aunque el color era anaranjado.

**Un tratamiento de este tipo estimula una observación
más detallada.**

Observaron que Pestaña orinaba con más frecuencia, a cada rato, una orina espesa, muy amarilla, cuando llegaba un caballo desconocido.

Seguía con un comportamiento desconfiado. Cuando le daban las gotas en la boca no le gustaba, o cuando comía manoteaba el suelo, gesto también de ansiedad para comer que proviene de querer separar la raíz o el pasto del suelo, pero que su humana interpretaba como «vete de aquí». Presto atención a algunas interpretaciones como estas que provienen de personas que hacen mucho contacto con sus amigos animales y que pueden guiarnos hacia algo nuevo. Por lo tanto, en casos como este las anoto para observar el signo en el contexto general de la historia.

La tercera vez que me reuní con ella sucedió algo inesperado: Pestaña susurró cuando nos acercamos a ella, ¡un cambio significativo en su modo de ser! Le estaba costando pelechar –cambiar el pelaje–, lo cual puede ser común en caballos de cierta edad, pero es un hecho a tener en cuenta.

Había sido una yegua energética a la que le gustaba ir hacia adelante, ser la primera; costaba detenerla. Siempre malhumorada y peleadora, cuando andaban juntas Melisa y su hermana iba dando patadas, algo que tal vez había heredado de su madre, a la que también describían como de carácter fuerte. Era temeraria, no tenía miedo de andar por la sierra, siempre primera, líder del grupo.

Tenía una herida en la región ventral izquierda del tórax, al lado de la zona de la cincha en el caudal de la misma. Esta cicatriz podría haber influido en su carácter.

En su dinámica observé que:

- Susurra recibiendo a Melisa ⟶ Malhumor con el contacto
- Afectuosa ⟶ «No te me acerques»

Era muy buena y paciente con su hijo Urano, que tenía 26 años en aquel momento.

La articulación metatarso-falangeana derecha estaba subluxada. Al principio lo observé como un posible signo de cálculo renal, pues lo había visto en otro caballo, que cuando eliminó los cálculos puso el pie en el lugar correcto. Pero como no mejoraba la posición me pareció que parte de su malhumor podía también provenir de la incomodidad que tenía.

Al mes de esta tercera consulta alguien expresó su estado de este modo: «re-mansita».

Un tiempo después tuvo cólicos.

Su ambiente era de sequía y a veces los caballos sufren de dolores y cólicos por falta de humedad en general.

Tenía borborigmos audibles, se quejaba, tiraba y se paraba. Más bien sería un cálculo intestinal o una obstrucción. Mucho pasto seco que no podía ser digerido. El tiempo seco lo agravaba. Cambiaron los fardos, indiqué mojarlos, le agregaron aceite de oliva, levadura y bicarbonato de sodio. En los momentos de cólico pedía ayuda. La materia fecal y la orina eran muy olorosas. El pelaje se deslució y tardó en cubrir las partes que había pelechado. Tenía hongos. Volvió a orinar bien mientras tomaba *Cantharis*.

Finalmente prescribí *Chamomilla*, que la estabilizó, y pasó sus últimos años. Esto fue en abril del 2010. Un día se acostó y se fue tranquila de viaje.

Durante el camino que recorrimos con Pestaña, la manada y Melisa fuimos trabajando la irritabilidad general y por dolor, la aversión a ser acariciado, el miedo al contacto, y a nivel orgánico, la fermentación abdominal, la obstrucción intestinal, la sobrecarga intestinal y los ruidos aumentados con diarrea. En las extremidades, la dislocación, los esfuerzos que desalinean. Los temblores que a veces ella mostraba.

Fuimos avanzando con distintos remedios y conociendo mejor a Pestaña.

Los humanos comprometidos en el cuidado consciente de sus compañeros animales, al elegir este camino agudizan su percepción para colaborar en la curación del animal. Todo el contexto colabora en la curación.

A nivel físico trabajé sobre todo el lomo, que estaba tenso y consumido. Sus manos y patas con Reiki, y escucha de los movimientos vertebrales. Movimientos con su cuerpo, flexiones y estiramiento de la cola. Si bien no gustaba del contacto, entendía que era curativo para ella y lo aceptaba. Eran sesiones cortas por esta razón, pero las aprovechaba bien y no agredía. Estaba muy rígida pero era receptiva. Y bostezaba o se relajaba. Cuando iba a verla intentaba mostrarle cómo vincularnos sin que saliera corriendo. Con los signos de mis ojos, hombros, cuerpo, dirección de movimiento y movimiento. Ella amenazaba a Melisa, poniendo la grupa hacia ella, por lo cual cuando me amenazó a mí la eché abriendo los brazos, yendo hacia ella y diciéndole que no lo hiciera y entendió que no debía ponerse de espaldas.

Mimosa, la yegua del tambo[10]

Mimosa, una yegua trabajadora, tenía alrededor de 26 años cuando di un curso en Benquerencia, un club de campo en la provincia de Buenos Aires. Había sido

---

10   Establecimiento ganadero destinado al ordeño de vacas y a venta de leche al por mayor en Argentina. Fuente: RAE.

la yegua del tambo y de los chicos de la familia durante muchos años. Cuando quisimos practicarle masajes amenazaba con morder y patear con un movimiento rápido y brusco. Tenía las vértebras dorsales 14 y 15 completamente desalineadas hacia la izquierda, pero lo peor era su lengua, que estaba cortada porque nunca le habían atendido la dentadura y el filo de los dientes se la había cortado y lastimado el interior de las mejillas. Le mostré que no la iba a agredir cuando me acercaba, echándola si me amenazaba. Había que estar atentos porque era veloz en sus reacciones. Pudimos avanzar durante el curso con los masajes, pero no fue suficiente.

Mimosa, amiga de la potranca Aisha. Fotografía del archivo personal de la autora.

La medicación homeopática y las Flores de Bach ayudan profundamente a desbloquear, por movilizar y liberar la energía estancada, obstruida.

Fue muy claro su modo de expresión de rechazar ser tocada, acariciada, de tener rabia cuando se le acercaban o querían acariciarla, incluso de quejarse ante la cercanía humana. Si bien era lógico que lo hiciera, su modo de expresarlo era espejo de un medicamento con una gran sensación de fragilidad, la *Chamomilla*. Su rechazo al contacto estaba en concordancia con esta sensación. Su manera de mostrarse me comunicaba que necesitaba contacto pero que no estaba en condiciones de recibirlo.

En esta foto se puede observar cómo se ubicó ella para recibir lo que antes no podía. Esto ocurrió después de tomar *Chamomilla* y ser masajeada varias veces. Pero lo significativo fue que ese día yo estaba de visita con una amiga y Mimosa se me acercó y se quedó esperando los masajes. Fue un modo de comprobar cómo funcionó la *Chamomilla*.

Mimosa. Fotografía del archivo personal de la autora.

CAPÍTULO 13

Hacia dónde vamos
Interlude, Hidalgo

¿De dónde venimos?
¿A dónde vamos?
Tenemos un origen
Tenemos un destino
No es una coincidencia el que estemos aquí

Del libro *Sufismo en Occidente,* autor anónimo

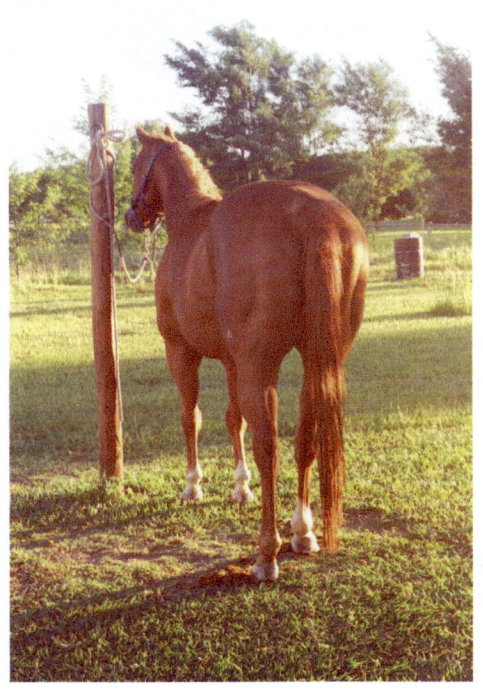

Cassius. Fotografía: Regina Bianchi.

Los animales también están en un proceso de evolución. Si logramos comprender su lenguaje estoy convencida de que, de esa comunicación que establecemos con ellos, ambas partes saldremos beneficiadas: los animales, porque podrán desarrollar su potencia sensitiva, y nosotros, porque al entrar en contacto verdadero con ellos podremos incrementar nuestra intuición y ser mejores humanos.

Interlude, un caballo de carreras

El caballo de deporte ha sido transformado por el hombre moderno en «una máquina de alto rendimiento, tanto en lo económico como en lo funcional». Y la realidad es que el caballo es un animal y no una máquina, y hace lo que puede y lo que le permitimos. Es un ser sintiente que se mueve, alegra y entristece, que tiene mucho que decir y compartir. En un contexto semejante no es sorprendente que me encuentre con problemas de gente con sus caballos, y no con problemas del caballo.

Conocí a Interlude, un caballo de carreras, tordillo de 4 años, que estaba desganado, sin fuerza, abúlico. Según la manera de expresarse en el ambiente, «no daba nada en la cancha». Tenía los testículos retraídos y se masturbaba mucho, por lo que le habían colocado un anillo y estaba completamente rígido en la región de la grupa. ¡No era para menos, con ese anillo!

Ese caballo tan joven ya estaba artrítico, con los garrones destruidos por la cantidad de infiltraciones intraarticulares y neurolíticos que había tenido que soportar. ¡Ese es el resultado de la profunda ignorancia de quienes deberían haber sido sus cuidadores! Y esos garrones, además, sufrieron lo que sufren muchos caballos de carrera: una osificación irregular, porque el apuro y la codicia hacen que los entrenen mucho antes de que los potrillos estén correctamente osificados, generando huesos y articulaciones débiles. De hecho, su mirada estaba tensa, con la esclerótica muy vascularizada y opaca. Expresaba: «¿No ven el daño que me están haciendo? ¿Por qué no se ocupan de conocerse y mejorarse a sí mismos?».

Afortunadamente, su allegado humano había sido tratado con terapias no convencionales que le habían dado resultado y como el caballo no respondía a los tratamientos convencionales me consultó. El caballo estaba con un nuevo cuidador, había ganado con él la primera carrera y había quedado tercero en la segunda, pero en la tercera ya lo notaba disminuido en la acción y falto de estado; cuando lo floreaban durante el paseo preliminar lo hacía desganado. Además, el cuidador decía que era un animal de calidad y con corazón, y que en la cancha era manso y se dejaba hacer; «le falta hablar», comentaba.

El cuidador comentó que Interlude tardó en relacionarse bien con él cuando llegó y que le llevó tiempo acostumbrarse al nuevo lugar. También a mí me costó relacionarme con el cuidador, que emanaba mucha tensión, desconfianza y escasa o nula apertura mental.

Cuando ganó la primera carrera, Interlude iba excitado, tal vez por incomodidades, y en la segunda tuvo un contratiempo porque ese día llovía y el jockey no podía ver bien. Corría mejor en el césped que en la arena, y a pesar de que se desempeñaba bien en la cancha pesada, andaba mejor en la seca. Comía muy bien, tranquilo, pero se apuraba a la hora de comer el pasto y era normal para tomar agua. Era un poco temperamental cuando trabajaba en yunta y tranquilo en el box; se echaba, se revolcaba, se paraba, no era nervioso. Cuando salía lo hacía con normalidad; le gustaba salir, andaba tranquilo y retozaba.

Cuando ganó y fue a hacerse el análisis de rutina entró, orinó y se comportó muy bien, pero la última carrera corrió de regular para abajo. Y al volver llegó con los testículos retraídos con mucho dolor entre las ingles y en la grupa. Además estaba agitado.

Cuando fui llamada por el allegado humano para atenderlo en el *stud*, el pobre animal era todo tensión, con una secreción purulenta en el ojo izquierdo, frecuencia cardíaca de 30, materia fecal normal pero con olor muy fuerte, verrugas pequeñas a la altura del ijar izquierdo, dolor en el talón externo del casco de la pata izquierda y tensión en el tríceps izquierdo, todo el miembro rígido y sin flexibilidad.

Corroboré la artritis y un estado de estrés como el de la mayoría de caballos que pasan más de 20 horas en el box y a los que no se les da nada a cambio.

Según lo que me fueron comunicando tanto el cuidador como el propietario de los caballos llegué a la conclusión de que Interlude podía recibir un protocolo para disminuir dolores sin el uso del químico habitual. *Arnica*, *Rhus Tox* y *Ruta* como primera atención desinflamatoria.

Le fui acompañando con distintos medicamentos y haciendo terapia manual.

A la semana siguiente la materia fecal estaba mejor formada, sin olor, y por supuesto indiqué quitar el anillo y ya no se masturbaba. El dueño lo montaba y lo notaba con más ganas. Lo vi más animado, conectado y con la mirada más cristalina. Tenía una secreción nasal serosa que podía ser depurativa.

A los veinte días de comenzado el tratamiento, sin preguntar mi opinión, le hicieron correr, con el resultado de que llegó cuarto, cerca del primero. Dijo el jockey que le había faltado poco para ganar y podía haberlo hecho en su estado, sin ninguna medicación extra ni forzándolo de más, con un buen rendimiento en relación a cómo iba en las últimas carreras. Después de esta carrera no se agitó tanto, vareó bien en el paseo preliminar y estuvo animado.

Desde mi punto de vista no estaba para correr, pues necesitaba tiempo para recuperarse, pero de todos modos el tratamiento estaba produciendo efectos beneficiosos. Obviamente, en veinte días nadie, ni ese caballo, puede curarse de cosas tan profundas. ¿Pero qué ocurrió? Había comenzado un período de desintoxicación, estaba más contento e interesado por lo que lo rodeaba, no volvió a masturbarse a pesar de que se le quitó el anillo, le bajaron los testículos, porque los dolores comenzaron a ceder, la mirada se le fue haciendo cada vez más cristalina, la materia fecal mejoró y no se agitó tanto después de la carrera. Mi conclusión fue que aún experimentaba dolores, pero se sentía mejor porque se estaba desintoxicando. No me habían comentado que en una época se mostraba nervioso, sudoroso y tembloroso en las carreras. Y, fue llamativo el que, a la par de la mejoría física, hubieran reaparecido los miedos, ya que estuvo temblando antes de la carrera. Había transpirado en el tráiler, pero había entrado muy bien a las gateras y había salido mejor que nunca. El caballo había dejado de sudar antes del tratamiento y en ese momento comenzó a sudar nuevamente, lo cual fue mejor porque así pudo eliminar.

Si no puede eliminar el organismo se intoxica.

Continué con el tratamiento durante unos meses, con resultados variables. Cada carrera iba mejorando un poco.

En resumen, Interlude era un caballo con un rasgo de dignidad. Su modo de mostrar sus síntomas oculares, generativos, estomacales y óseos era parecido a como los muestra la *Colocynthis*, con mucho dolor a nivel digestivo, con irritación por haber sido maltratado, con una columna como doblada por el dolor y con inflamación y degeneración articular.

Con Interlude pasamos por distintas etapas, pero a lo largo del tratamiento se fue desintoxicando y finalmente ganó carreras, pero en muy buenas condiciones de salud. Tal vez llevó un poco más de tiempo que con otro tipo de tratamientos, pero lo cierto es que cuando su organismo terminó de desintoxicarse corrió muy bien varias carreras y ganó cuatro más, cuando al principio del tratamiento no tenía estado ni ganas de hacer nada. Fue significativo el hecho de que ganara, para que le dieran un buen lugar para vivir y no lo enviaran al matadero, como suelen hacer algunos.

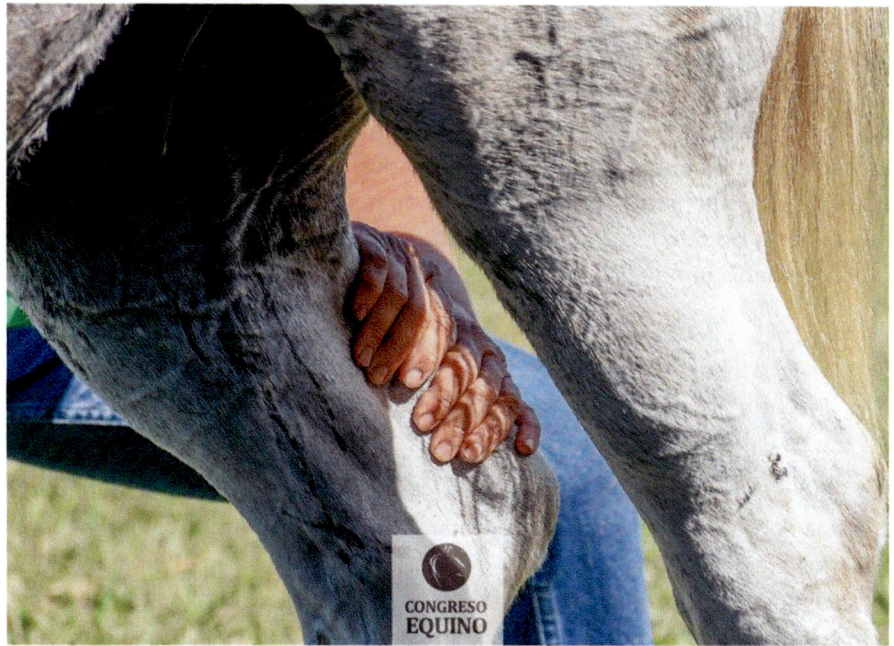

Mejores maneras. Fotografía: Nora Cano.

Hay mejores maneras de tratar a un atleta

Si a un caballo le toca una vida de atleta, algo que no puedo impedir, su salud se puede optimizar con medidas más inteligentes que no arruinen la vida del animal.

¿Cuál sería el objetivo a seguir?

En primer lugar, mejorar todas las condiciones de vida posibles que rodean al caballo de alto rendimiento, desde un box limpio, su limpieza, un buen trato desde el peón hasta el jinete, asegurarle la mayor vida natural posible: pastoreo, ventanas abiertas, contacto con otros caballos, que pueda caminar y trotar lo más posible aparte del entrenamiento o vareo habitual, investigar distintas formas de entrenamiento biomecánico actualizado.

En segundo lugar, una medicina menos agresiva, donde en vez de tapar los síntomas se resuelvan de una manera suave, permanente y sin efectos colaterales ni secundarios. Desde la homeopatía, la acupuntura, los masajes, las terapias manuales, los oligoelementos y los antioxidantes hasta la medicina tradicional, pero usada de manera racional, todo enfocado en el bienestar del caballo y no en el ego del humano que solo piensa en términos de máquina y dinero.

Cuando un caballo que ha sido muy medicado para correr a cualquier precio, incluso arruinando su salud, comienza un tratamiento orgánico, pasa por estados distintos que necesitan ser observados. No es un proceso parejo, sino que su organismo inicia una depuración y aparecen viejos dolores, miedos que nunca había podido mostrar, suda cuando había dejado hacerlo, tiembla cuando nunca había temblado.

El caballo es un animal tan generoso y evitador de conflictos que puede esconder su cólera y se enferma cuando no puede más.

Cuando empieza a mostrar lo que realmente es, aunque el tratamiento no sea una flecha para arriba, siempre tratará de responder con lo que tiene y de hacerlo lo mejor posible.

El mejor medicamento es aquel que es más espejo del animal, es decir, según la ley de similitud que sigue la homeopatía, aquel que en el organismo sano produciría una enfermedad similar o igual. Al ser suministrado en dosis infinitesimales produce el efecto contrario: es decir, llevar la enfermedad de adentro hacia fuera, en el orden inverso a la aparición de los síntomas, y de manera suave y permanente.

No siempre se encuentra el mejor medicamento en la primera consulta; cada caballo es un ser individual, único. Cada uno tiene su historia, su manera de reaccionar ante las dificultades de la vida y con la medicación. Como pasa con nosotros, hay animales más fáciles y otros más difíciles de comprender.

Es probable que la vida útil del caballo de deporte fuera más larga y productiva si respetáramos su naturaleza y bienestar. Ojalá pudiéramos contactar con la profunda empatía que los caballos demuestran hacia los humanos. ¡Cuántas personas podrían aprender compasión y misericordia estando cerca de ellos!

Como el caso de Hidalgo, que fue acompañado con cuidados y compasión por parte de sus tutores. O de Trancos, tan cercano con los caballos recién llegados.

Jadrift y Nasruddina, buenos comienzos. Fotografía Anahí Zlotnik.

Hidalgo y su boca

Hidalgo tenía casi 17 años. Era un caballo compañero en el trabajo de equinoterapia. Se llevaba bien con los niños, era confiable. Había sufrido la pérdida de una yegüita amiga. Era metódico; a la hora de comer, si no tenía su comida, corría y relinchaba y relinchaba. Tenía algunos temores, como por ejemplo a las bolsas de plástico, y se sentía incómodo cuando tenían que arreglarle los cascos.

Tenía un linfoma cutáneo del lado derecho de la boca, una entidad clínica grave. Sus tutores se ocuparon amorosamente de él y así recibió todo el tratamiento anti tumoral que indiqué. Al mes de iniciado el tratamiento su expresión mostraba serenidad y parecía rejuvenecido. Fue tratado por un odontólogo, que ayudó tanto en el diagnóstico como en la atención de los dientes. Fue tomando medicación muy específica basada en ADN, autovacunas homeopáticas y remedios homeopáticos, que fui cambiando según necesidad.

Poco a poco comenzó a mostrar un comportamiento juguetón, algo que llamó la atención, pues siempre se había mostrado serio. Convivía con Flicka, una potranca angloárabe que era la alegría del lugar. Probablemente Flicka, que era joven, lo inspiró y hubo días que Hidalgo se paraba de manos, corría, no quería ser agarrado. Se aseaban mutuamente pero, si Flicka se ponía fastidiosa, él la echaba.

Anduvo bien con mejorías y agravamientos, pero siempre hacía lo mejor, hasta que su tutora se quedó embarazada. Coincidentemente tuvo dificultades intestinales en ese período.

Partió de este plano tres años después de haber empezado el tratamiento; el tumor había desaparecido y sus últimos años fueron positivos. El medicamento que mejor lo acompañó fue el *Natrum Muriaticum*. Aprendí mucho con Hidalgo y su tutora, que era perseverante en su fe, dedicación y entrega. Pues cuando el caballo murió, también lo vivimos como un proceso. Y poco tiempo después Flicka fue a otro lugar, donde la quisieron y tuvo un compañero muy cercano.

En terapia

Es conocido el hecho de que muchos caballos participan en actividades terapéuticas para humanos como compañeros de trabajo y coterapeutas con profesionales terapeutas de distintas ramas. Aun así creo que es cuestión de cuidado, dignidad y respeto el pedir permiso a cada caballo y al alma equina para ver si están de acuerdo en realizar esas tareas.

También puede haber abusos, en el sentido de que los caballos son tan solidarios que ellos no están preparados para cargar con problemas humanos que podrían resolverse con herramientas más adecuadas.

Hubo un caballo en especial, a quien conozco de hace muchos años, que me hizo saber que no se sentía incluido en la propuesta de tener que participar en sanar personas. Me dijo que no se le avisó de que iban a usarlo a él y a sus compañeros para «sanar» a humanos. La queja continuó, alegando que muchos terapeutas no conocen la sutil filosofía equina, sus claras reglas sociales. Se sentían excluidos, y con razón.

Vivir en manada significa sincronía, espacios individuales y amplios para el grupo. Encerrar a un caballo en un corral representa una forma de comunicación, que puede ser honesta o no. Pero deja de ser parte de un grupo en su acción natural, donde cuando quiere presta atención o no, cuándo están disponibles o no.

También se puede mejorar interiormente cuando el protagonista es el caballo. Cuando se aprende su sistema de comunicación, cuando se entiende cómo es su individualidad.

Conozco a gente que trabaja con personas y caballos, que entiende el lenguaje del caballo y sus caballos son respetados en cuanto a tiempos y disponibilidad.

Al mismo tiempo, considero que los humanos hemos sido dotados de herramientas que nos permiten ocuparnos de nosotros mismos de una manera más profunda y real.

Así lo expresa este cuento sufí:

Iba Jesús caminando con un discípulo. En el camino encontraron un hombre muerto.

El discípulo le pidió a Jesús que le enseñara a resucitar al muerto.

Jesús le contestó:

–No te dedicaste a conocerte a ti mismo y quieres ocuparte de los otros.

Epílogo

Cimarrones de Tornquist. BsAs, Argentina. Fotografía: Juan Canale.

Algunas personas están negando el fuego y la capacidad de transformarse en leones que los caballos tienen. Y se quedan con una sola y pobre imagen que no esta representando al espectacular mundo equino. Están olvidando el misterio de ese espíritu intenso de poder y libertad.

Pero al mismo tiempo está Brisa, con su amiga humana que cura su herida de tantos años. O Golo, que es deportista, pero con quien podemos hacer algo más sensitivo tanto con ella como con su joven amazona. También están los caballos de mi amiga de Córdoba, que tienen su lugar para friccionar la suela de sus cascos y mantener su sensorialidad. O los caballos de Calafate, puros criollos patagónicos, robustos y elegantes, que viven en las mesetas donde pueden mostrar la maravilla de su esencia.

A la noche, bajo un cielo fugado de estrellas
Vinieron
A llevarme al misterio de su silencio

Me envolvieron en su aire
Mostrándome su más profundo amor
Al creador
Me compartieron la tristeza que algunos humanos dejan en su espíritu de fuego
Espíritu de libertad.
Poder
Nobleza, belleza y lealtad

Otro cimarrón. Fotografía: Juan Canale.

Agradecimientos

A mi Creador.

He recibido una pasión y una vocación que intento honrar en este plano, esperando hacer mi trabajo lo mejor posible para mis amados amigos.

A Arif, por su fe, alegría y guía.

Por la primera revisión del libro, a Alejandra Toronchik (Alejandra Toronchik @escribiresunviaje). Alejandra es periodista, escritora, editora, bailarina de tango, teatrista. Su mirada inquisidora, sensible, inteligente y profunda le da a mi escritura la atención al detalle y la configuración de la intención.

A mis amigos cercanos, que con su radiación me ayudan a seguir adelante.

A mis alumnos y organizadores de cursos y jornadas, que me estimulan a seguir aprendiendo y me dan alegrías al verlos en sus espacios difundiendo y tratando mejor a los caballos.

A algunos de mis pacientes significativos para mí por el camino, los resultados, el aprendizaje, la cercanía con sus humanos e incluso el alejamiento pero habiendo hecho un buen camino: Flika, Zahir, Pampa, Mulato, Hidalgo, Almanzor, Iris, Brownie, Valentín, Moen Couer, Tango, Brisa, Rubia, JL, Charming, Random, Mulata, Lola, Astor, Kala, Zamba, Petisa, Jade, Kayla, Almendra y su hija Maní, Tota y Tita. Sonckoy, Urián, Ceniza, Charlotte, Gitano, Juana, Cali, Príncipe, Nativo, Cirse, Cassius, Wanda, Jaguar, otra Brisa, Quindal, Palomo, Classic y Gastón, Casper. Pandereta, Allegra, Negro, Maltés, Ina, Charming, Z, Luxor. Pili. Otro Tango de Misiones, Flopy, Tuay, Jolie y su madre, Yabotí Esperada, Krystall, Golo, Omar, María Laura, Epona, Ceus, Shicán, Killa y Gringo.

A la danza, que me mantiene activa y estudiosa de la biomecánica y que me ayuda a entender la biomecánica equina.

A los fotógrafos e ilustradores que ayudan a vestir este libro

A Marta Prieto Asirón, la editora que con su vitalidad me envolvió de alegría y ganas de hacer conocer estos sentires.

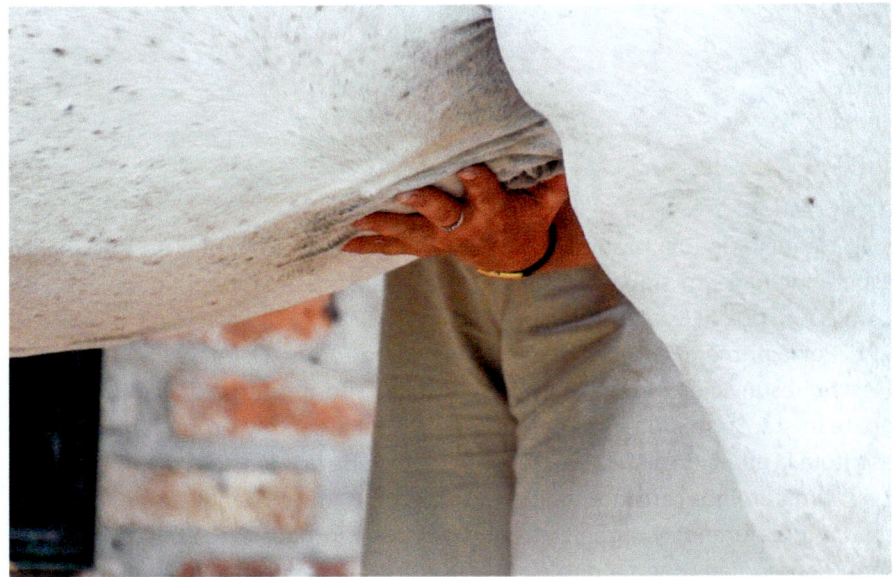

La primera cicatriz, región umbilical. Fotografía: Martín Hardoy.

Nevada Vaso Gobernador. Fotografía: Naty Loser.

Glosario de términos

- **Alopecia**: pérdida anormal del pelo.
- **Amadrinar**: acostumbrar a una tropilla a que vaya detrás de una yegua a quien se le llama madrina. Andar con otro u otros de su misma especie, o a veces de otra, o apegarse a ellos.
- **Anhidrosis:** disminución o supresión del sudor.
- **Antiálgico:** medicamento que puede disminuir, suprimir o aliviar la sensación de dolor.
- **Aponeurosis:** membrana de tejido conjuntivo fibroso cuyos haces entrecruzados sirven de envoltura a los músculos.
- **Arpeo:** reuropatía que se presenta en los equinos. Es una afección nerviosa que afecta la motricidad de las extremidades posteriores. Aparentemente, los nervios pierden la capa que los cubren, llamada mielina, y el caballo no puede dominar el movimiento de sus extremidades.
- **Autohemoterapia:** recurso terapéutico que consiste en sacar sangre de una vena y aplicarla en otra región del mismo animal, como por ejemplo un músculo, estimulando así el sistema inmunitario.
- **Autonosode:** en homeopatía es la preparación de un medicamento individual con la secreción o excreción del animal siguiendo un protocolo preciso.
- **Babilla:** región de las extremidades posteriores formada por los músculos y los tendones que articulan el fémur con la tibia y la rótula; articulación con abundante líquido sinovial. Es llamada articulación fémoro-tibio-rotuliana, la rodilla anatómica de los caballos.
- **Calzado:** en términos generales se llama «calzado» al caballo que presenta una o más extremidades manchadas de blanco más o menos cerca del casco, y «cabos negros» cuando por el contrario son oscuras.
- **Campanear:** movimiento de oscilación del dedo de la mano del equino.
- **Caudal:** perteneciente o relativo a la cola.
- **Claudicación:** cojear. Andar inclinando el cuerpo más a un lado que a otro, por irregularidad en la locomoción.
- **Cólico:** perteneciente o relativo al colon. **Omento cólico. Arteria cólica. Dolor cólico**. Acceso doloroso en los intestinos y caracterizado por violentos espasmos, retortijones, ansiedad, sudores y vómitos. Hay distintos tipos.

- **Cojera:** alteración de la marcha que puede estar causada por dolor, debilidad, deformidad. Puede ser antiálgica, cuando es un mecanismo de protección contra el dolor, o no antiálgica, si es por una compensación por la disfunción de los sistemas neuromuscular u osteoarticular.
- **Cuadreras:** carrera de caballos sin organización legal, en las que se suele medicar sin consciencia, arruinando la vida de muchos animales.
- **Desmitis:** inflamación de uno o varios ligamentos.
- **Dracma:** medida de peso utilizada en farmacia equivalente a la octava parte de una onza (3.594 mg).
- **Embocadura:** unión donde se transmite la orden de las manos del jinete en la boca.
- **Encastillado:** casco caracterizado por su estrechez general o por la de los talones y las cuartas partes.
- **Enfisema:** inflamación crónica de los pulmones, con gran producción de mucosidad en las vías respiratorias que no se elimina en cantidades suficientes, por lo que el animal no lograr hacer exhalaciones completas.
- **Entrecuerda:** órgano de Ruini, músculo interóseo III o ligamento suspensorio de los sesamoideos, que pueden ser asiento de distintas alteraciones, por esfuerzos, golpes, heridas.
- **Envaramiento:** estado de rigidez articular y muscular por calambres musculares severos. Hay un agarrotamiento de tal magnitud que el animal no puede moverse.
- **Epifisitis:** afección en caballos jóvenes de la placa de crecimiento de varios huesos por alteración de la osificación endocondral, en que se observa hinchazón en los carpos, el corvejón o los menudillos, con calor y dolor a la palpación y cojera.
- **Epistaxis:** hemorragia nasal.
- **Estro:** período de celo de los mamíferos que corresponde a la etapa reproductiva de receptividad sexual.
- **Flehmen:** respuesta del caballo o la yegua a ciertos estímulos odoríferos, sobretodo relacionados con las feromonas.
- **Fístula:** conducto anormal, ulcerado y estrecho, que se abre en la piel o las membranas mucosas.
- **Garrón:** articulación del tarso, corvejón o talón de los equinos. Está formado por 6 o 7 huesos cortos entre la extremidad distal de la tibia y la región metatarsiana.

- **Glóbulos rojos:** células de la sangre que contienen hemoglobina, cuya función es transportar el oxígeno desde los pulmones hasta las células de todos los tejidos.
- **Hematocrito:** porcentaje del volumen total de la sangre compuesta por glóbulos rojos.
- **Hormiguillo:** enfermedad del casco en la cual hay destrucción del tejido que sostiene la muralla, con zonas huecas debajo que pueden llenarse de pus.
- **Impactación:** retención fecal. Masa de materia fecal dura y seca que no logra salir del colon o del recto. Puede obedecer al uso demasiado frecuente de medicamentos para el dolor, sedentarismo. Puede producir dolor en el abdomen o la espalda, dificultad para orinar y causar problemas de circulación, cardíacos o respiratorios.
- **Infosura:** inflamación aséptica y aguda de la pododermis (corion) del casco del equino. Usualmente es una condición crónica asociada con rotación de la tercera falange y según la gravedad, con protrusión en la suela.
- **Lacerada, heridas laceradas:** producidas por objeto de bordes dentados (serruchos o latas). Se produce desgarramiento de tejidos y los bordes de las heridas son irregulares.
- **Laminitis** situación aguda y repentina con mucho dolor e inflamación de las láminas que unen la tercera falange a la pared del casco. Se altera la circulación dentro del casco. Puede ser de distintos orígenes. La tercera falange se une al casco por estructuras laminadas. La inflamación debilita las láminas y altera la unión. En casos graves se pueden separar el hueso y la pared del casco. En estas situaciones la tercera falange puede rotar dentro del casco, desplazarse hacia abajo y protruir la suela. La laminitis puede afectar a uno o a todos los cascos, pero se ve con más frecuencia en los miembros anteriores.
- **Ligamento suspensorio:** está formado por tejido conectivo fibroso denso. Se encuentra ubicado en la superficie palmar/ plantar proximal del tercer metacarpiano-metatarsiano y se separa en dos hacia el distal, llegando a tener dos ramas a la altura de la articulación del nudo.
- **Línea alba o blanca:** estructura fibrosa que recorre de craneal a caudal la línea media del abdomen. Está compuesta principalmente de tejido conectivo blanco brillante y formada por la unión de la aponeurosis de los músculos abdominales, separando ambos lados de los músculos rectos abdominales.

Es tejido conectivo y no tiene nervios ni vasos sanguíneos importantes. La incisión mediana a través de línea alba es un abordaje común en la cirugía.

- **Manga:** sistema en el cual el animal está encerrado para facilitar su manejo durante desparasitaciones, vacunaciones y otras maniobras.
- **Manso:** se refiere al animal dócil, tranquilo, confiable.
- **Matra:** manta de lana o algodón que se coloca encima de la sudadera o la reemplaza. Va sobre el lomo del caballo al ensillarlo, debajo de la montura o recado.
- **Medial**: plano del cuerpo hacia el medio de afuera hacia adentro.
- **Melanoma**: neoformación común en caballos tordillos. Se encuentran sobre todo bajo la cola, alrededor de la región del ano/perineo. En algunos caballos aparece alrededor de los párpados, en la glándula parótida y dentro del prepucio en los machos.
- **Mesenterio:** pliegue de fascias que une el intestino con la pared abdominal y lo mantiene en su lugar.
- **Metacarpo:** una de las tres partes de las que se componen los huesos de la mano, ubicado debajo de la comúnmente llamada rodilla. Es un hueso alargado con dos huesos rudimentarios, que articula en proximal con el carpo y por distal con la falange.
- **Navicular:** hueso del pie corto, par y asimétrico; tiene dos caras, anterior y posterior; dos bordes, superior e inferior, y dos extremos, externo e interno. Borde proximal y cara articular superior del hueso navicular. Este hueso complementa la superficie articular del tejuelo. Sus medios de unión permiten ofrecer a la segunda falange una superficie de apoyo firme y móvil, a la vez que mantiene estable la dirección con la cual el tendón del flexor profundo se inserta en la tercera falange.
- **Naviculitis crónica:** degeneración progresiva y crónica del hueso navicular. Es conocida también como **enfermedad del navicular, inflamación de la tróclea podal, podotroclitis crónica aséptica, podotrocleosis aséptica, sesamoiditis distal crónica, podosesamoiditis aséptica, oplotroquilitis aséptica.**
- **Necrosis:** tejido que se muere por falta de circulación adecuada.
- **Nudo:** articulación metatarso-falangeana.
- **Palenque:** poste liso y fuerte clavado en tierra que sirve para atar a los animales.
- **Pelechar**: dicho de un animal, echar pelo o pluma.
- **Periné:** área formada por el ano y sus alrededores como la vulva en la hembra. Se encuentra bajo la cola.

- **Prurito:** comezón, picazón.
- **Querencia:** tendencia de personas y algunos animales a volver al sitio en que se han criado o al que tienen costumbre de acudir. Tiene que ver con el arraigo.
- **Recado:** conjunto de piezas para ensillar al caballo.
- **Repertorio homeopático:** diccionario de síntomas, ordenados alfabéticamente y clasificados por órganos o zonas del cuerpo, conteniendo cada síntoma los medicamentos que lo presentan, previamente investigados en las experimentaciones u obtenidos en la clínica. Es una herramienta que facilita al homeópata unicista hallar el medicamento que se asemeja al paciente.
- **Rosillo:** pelaje del caballo básicamente colorado, con pelos blancos intercalados entre pelos oscuros y mancha blanca en la frente o el hocico.
- **Sarcoide:** tumor de la piel frecuente en equinos. El tejido afectado es el fibroso dérmico. Puede estar oculto, ser verrugoso, mixto, fibroblástico, nodular y maligno, caso en que invade el tejido linfoide.
- **Sesamoideo:** hueso pequeño y redondeado que se encuentra en distintas articulaciones, ampliando el espacio de deslizamiento de los tendones.
- **Solenoide:** bobina cilíndrica de hilo conductor arrollado de manera que la corriente eléctrica produzca un intenso campo magnético.
- **Staphylococosis:** bacteria que provoca infecciones en cualquier región del organismo y puede formar parte de la biota del tracto respiratorio superior de los equinos clínicamente sanos.
- **Stud:** voz inglesa que se usa con cierta frecuencia en algunos países americanos, como Argentina, Chile y Perú, con el significado de lugar en el que se crían y cuidan caballos, especialmente los destinados a las carreras' y 'conjunto de caballos que pertenecen a un mismo propietario (RAE).
- **Tragar aire:** alteración de la conducta llamada aerofagia. La causa principal es la falta de un ritmo alimentario similar al del caballo. La vida de encierro desespera a estos animales. El caballo que no se mueve a su aire y está sobrealimentado no tiene cómo desgastar el exceso de energía que recibe. Lo mismo sucede con el aburrimiento; es estrés, falta de contacto social y comunicación.
- **Tordo:** pelaje gris con manchas blancas de formas diferentes, parecido al del pájaro llamado tordo.
- **Tordillo:** pelaje mezclado de color blanco y negro.
- **Tono vagal:** se toma como indicador de la situación emocional en un proceso dinámico. Un tono vagal facilita la regulación de la reacción emocional y por lo tanto el aprendizaje.

- **Tusar:** cortar las crines.
- **Uveítis:** hinchazón e inflamación de la úvea. Esta es la capa media de la pared del ojo. La úvea lleva sangre al iris en la parte frontal del ojo y a la retina en la parte posterior.
- **Vago, nervio:** nace en el bulbo raquídeo, inervando la laringe, el esófago, la faringe, la tráquea, los bronquios, el corazón, el estómago y el hígado. Pertenece al sistema nervioso parasimpático. Ayuda a modificar el modo corporal para el descanso, la relajación y la recuperación. Es importante cuando trabajamos con caballos que han sido sometidos a abuso.
- **Ventral:** del vientre o relacionado con él. Plano anatómico que indica que está hacia abajo.
- **Zaino:** pelaje castaño oscuro y que no tiene otro color.

Bibliografía

- *ALLEN´s Key Notes: And Characteristics with comparisons of some of the leading remedies of the Materia Medica with Nosodoes,* B Jain Pulibshers Pvt.Ltd. Ed. 1995 India.

- *BROMILEY M: Natural Methods for Equine Health,* Blackwell Scientific Publications, Oxford 1994.

- *CLARKE, J.H: A Dictionary of Practical M.M.,* New Delhi: B. Jain, 1993.

- *CROWELL-DAVIS S. L: Clínicas Veterinarias de Norteamérica – Práctica equina,* Inter-Médica, BsAs, 1988.

- *HAHNEMANN S: Materia Medica Pura,* New Delhi: B. Jain, 1994

- *HAHNEMANN S: Organon de la Medicina,* Bs.As, Albatros, 1982.

- *HERING, C, M.D: The Guiding Symptoms of our Materia Medica,* New Delhi: B. Jain 1993.

- *JACKSON JANET:* Artículo del libro *Human Brain Horse Brain.*

- *LATHOUD: Materia Medica Homeopatica,* Bs.As, Albatros, 1982

- *KENT, JAMES TYLER:* «Conferencias sobre medicamentos de materia homeopática, A.m., M.d. Chinchona (China)».

- *MASI ELIZALDE, A: Actas del Instituto Internacional James Tyler Kent,* Bs.As, Albatros, 1984/94.

- *MILLER R: The Revised health problems of the horse,* E.E.U.U, Gary Vorhes

- *MURATA S: Nuevo repertorio de Kent,* Bs.As, Albatros, 1983.

- *PEREYRA ELBIO,* Dr. Profesor adjunto departamento de equinos. *Podología de equinos.* Presentación nº 8. Facultad de Veterinaria - ROU.

- *SCHROYENS FREDERICK: Synthesis Repertorium Homeopathicum Syntheticum,* London, Homeopathic Book Pub, 1995

- *TSUGUO K: Guía Básica de Shiatzu,* Bs.As, Lidiun, 1994

- *MCMICKEN D: Biologic Basis of Submission.*

Otras referencias

- http://www.educando.edu.do
- http://www.folkcuba.com
- http://www.horsemagazine.com
- https://www.nhp.gov.in/homeopathy-hahnemann-and-homeopathy_mtl

KOLIMA
BOOKS